广东省海洋经济发展（海洋六大产业）专项资金

"粤港澳大湾区现代海洋产业体系融合发展研究"

（粤自然资合〔2023〕44 号）项目资助

区域间海洋产业融合发展案例研究

胡 军　顾乃华◎主编

暨南大学出版社

JINAN UNIVERSITY PRESS

中国·广州

图书在版编目（CIP）数据

区域间海洋产业融合发展案例研究 / 胡军，顾乃华
主编. -- 广州 ： 暨南大学出版社，2024. 12. -- ISBN
978-7-5668-3968-8

Ⅰ. P74

中国国家版本馆 CIP 数据核字第 2024A2J837 号

区域间海洋产业融合发展案例研究
QUYU JIAN HAIYANG CHANYE RONGHE FAZHAN ANLI YANJIU
主　编：胡　军　顾乃华
···

出 版 人：阳　翼
统　　筹：黄文科
责任编辑：曾鑫华　冯月盈
责任校对：刘舜怡　黄晓佳
责任印制：周一丹　郑玉婷

出版发行：暨南大学出版社（511434）
电　　话：总编室（8620）31105261
　　　　　营销部（8620）37331682　37331689
传　　真：（8620）31105289（办公室）　37331684（营销部）
网　　址：http：//www. jnupress. com
排　　版：广州尚文数码科技有限公司
印　　刷：广东信源文化科技有限公司
开　　本：787mm×1092mm　1/16
印　　张：13. 5
字　　数：260 千
版　　次：2024 年 12 月第 1 版
印　　次：2024 年 12 月第 1 次
定　　价：59. 80 元

（暨大版图书如有印装质量问题，请与出版社总编室联系调换）

前　言

习近平总书记在广东视察时作出重要指示：要加强陆海统筹、山海互济，强化港产城整体布局，加强海洋生态保护，全面建设海洋强省。党的二十大报告提出："发展海洋经济，保护海洋生态环境，加快建设海洋强国。"广东省委十三届三次全会提出"1310"具体部署，强调全面推进海洋强省建设，在打造海上新广东上取得突破。党和国家对发展海洋经济高度重视，支持加快发展广东海洋产业的同时，推动区域和城市之间实现融合发展。

粤港澳大湾区"向海而生"，海域面积达 20 176 平方千米，大陆岸线长1 479.9 千米，海岛 1 121 个。粤港澳大湾区建设，是党中央作出的重大决策，是习近平总书记亲自谋划、亲自部署、亲自推动的重大国家战略。《粤港澳大湾区发展规划纲要》为大湾区构筑现代海洋服务业发展路径，推动海洋经济高质量发展提供了方向指引。发达的海洋经济是建设海洋强国的重要支撑，也是粤港澳大湾区建设的题中之义。当前，粤港澳大湾区海洋经济总量持续扩大，主要海洋产业态势发展良好，基本形成了经济辐射能力较强的开放型经济体系。《广东海洋经济发展报告（2023）》显示，广东海洋经济总量已连续 28 年居全国首位。2022 年广东海洋产业生产总值 1.8 万亿元，同比增长 5.4%，占地区生产总值的 14%，占全国海洋产业生产总值的 19.1%。

《广东省海洋经济发展"十四五"规划》明确提出构建具有国际竞争力的现代海洋产业体系：培育壮大海上风电产业、海洋工程装备制造产业、海洋药物与生物制品业、海洋可再生能源、海洋新材料制造业等海洋新兴产业，加快海洋旅游产业、航运专业服务业等海洋服务业提速升级，海洋油气化工产业、海洋船舶工业产业、海洋交通运输业、现代海洋渔业产业等传统海洋产业提质增效。其中，广州正在打造海洋创新发展之都，深圳则加快建设全球海洋中心城市，广深两市作为广东海洋经济的发展"双核"，海洋产业生产总值均已突破 3 000 亿元，涉海企业数量均接近 3 万家。香港作为国际航运中心，在海洋经贸产业、涉海科技创新策源、海事资源配置、海港门户枢纽等领域长期领跑亚太海洋经济圈，位居全球第一梯队。澳门则在滨海旅游休闲服务业方面发达，其拥有丰富的旅游资源和独特的文化风情，并朝着多元化的方向迈进。粤港澳大湾区具备发展现代海洋经济的优良基础，广深港澳共同构成了粤港澳大湾区现代海洋经济发展四大产业极核和创新极核。

在此发展背景之下，粤港澳大湾区各地在突出各自海洋产业发展优势的基础上，围绕海洋交通运输业、海洋工程装备制造业、海洋旅游业、海洋油气化工产业、海洋专业服务业、现代海洋电子信息业与工程装备制造业、海洋生物医药产业等 7 个主体，共建海洋合作协调机制，推动海洋协同发展走深走实，加强涉海产业合作统筹谋划，推动海洋协同发展落地落细，共同讲好大湾区海洋协同发展故事。这对于推动海洋现代产业协同发展，打造海洋命运共同体理念的粤港澳大湾区海洋协同发展策略具有重大战略意义。

本书在准确把握新时代关于海洋经济发展的核心要义和基本要求的前提下，紧扣"粤港澳大湾区现代海洋产业融合发展"这一主题，围绕 7 个重点海洋产业领域，分 7 个章节详细研究分析城市群海洋产业融合发展的路径。每个章节在保持独立性的基础上，又突出相互之间的连贯性，为指导下一步的工作提供思路。从编排布局来看，首先，分析相关产业的发展背景、现状和特点，梳理该产业研究的目的和必要性。其次，梳理相关产业领域代表性城市的特征，指出城市之间开展产业协作与融合的优势及意义、问题与挑战。再次，结合一些经典特色案例，以更加直观的视角展示粤港澳大湾区城市之间海洋产业融合的做法。最后，围绕体制机制创新、创新要素流通、产业结构优化、可持续发展等多个维度，针对提高粤港澳大湾区城市之间的产业协作融合水平，提出具有可行性的对策建议及路径，推动粤港澳大湾区打造成为世界海洋经济的重要一极，助力建设"海洋强国"。

编　者
2024 年 3 月

目 录
Contents

第一章　"9+2"城市群[①]海洋交通运输业融合发展案例研究

海洋交通运输业主要服务于海上客运和货运，在国际货物贸易中扮演着重要角色。船舶通过海上通道将货物运送至全球各地，是国际贸易中使用最广泛的运输方式。中国六成以上的国际货物贸易和90%左右的进出口货物贸易均采用海洋运输。因此，海洋交通运输业深度融入全球化进程。粤港澳大湾区海洋交通运输业基础良好，各大港口产业互补性较强。在新发展格局下，粤港澳大湾区海洋交通运输业将以"共建、共治、共享"的原则不断深化融合发展。

第一节　研究背景

海洋交通运输具有运输量大、能耗低等优势，成为世界各大陆之间重要的连通方式。在全球化的大背景下，海洋交通运输已经成为世界经贸、政治、文化交流的天然航道。自古以来，海洋交通运输一直承载着大量的跨区域货物贸易，对世界经济发展和文化交流产生了重大影响。

一、海洋交通运输业发展现状

一个国家的海洋交通运输业的实力和发展状况与其经济的持续繁荣与海洋权益的保障密切相关，因此被视为一项具有基础性和战略性的服务产业。在基础性

---

① "9+2"城市群指由"广州、佛山、肇庆、深圳、东莞、惠州、珠海、中山、江门"9市和香港、澳门两个特别行政区形成的城市群，即粤港澳大湾区所在区域。

方面，世界各国之间的贸易很大程度上依赖海洋交通运输业，同时海洋交通运输业也是其他海洋产业发展的基础。而在战略性方面，海洋交通运输业对国家的安全和稳定发展发挥着举足轻重的作用。因此，为了实现中华民族的伟大复兴、建设现代化强国，海洋交通运输业的繁荣发展是至关重要的。

（一）全球海洋交通运输业发展现状

全球海洋交通运输业的发展伴随着人类社会的进步和经济繁荣，从古代的帆船贸易到现代的巨轮运输，海洋交通运输业不断发展创新，为全球贸易和经济发展提供有力支撑。海洋交通运输业不仅在规模上不断扩大，同时也在动态变化过程中表现出一些特征。

1. 世界航运需求变化历程

亚洲大宗商品需求推动航运需求增长。根据联合国统计数据，20 世纪 70 年代全球海洋运输进出口货物中，欧洲占据了三分之一的比重，亚洲、美洲、非洲和大洋洲分别占据了 29%、23%、10% 以及 3%。然而，随着亚洲国家对大宗商品的进口需求逐渐增加，到了 2010 年，亚洲海洋运输进出口货物的比重已经达到了 48%，超过了欧洲 20% 的份额。这主要是因为亚洲的众多发展中国家对于能源、矿石等大宗商品依赖进口，而欧美发达国家对这些商品的需求量逐渐减少，这就推动了亚洲海洋运输需求的增长。

制造业转移推动亚洲海运需求增加。随着经济全球化和制造业转移，亚洲国家，特别是一些发展中国家承接了来自欧美地区的产业分工，成为全球制造业的重要基地。这也相应地增加了亚洲地区对海上运输的需求，使得世界航运需求中心逐渐向东转移。2020 年前后，亚洲装货量占比增加到 42%，卸货量占比增加到 61%。中国是主要出口国，亚洲其他国家和地区如日本、韩国、东南亚等也有相当的装货量贡献。

欧洲在世界航运中占有重要地位。欧洲文明起源于海洋，许多国家靠海而兴，现如今欧洲依然是航运强国的聚集地，如希腊、德国、挪威和丹麦。根据联合国数据统计，自 2000 年开始，欧洲国家和亚洲国家实际控制了世界上主要的船舶数量与吨位。特别是 2007 年以后，全球航运业经历发展黄金期，亚洲国家控制的船舶份额与欧洲国家的差距逐渐缩小。虽然欧洲国家不再是航运需求的中心，但是其所控制的船舶运力依然占据相当大的比例，这也反映了现代航运业发展的货船分离以及船舶经营国际化的特点。全球班轮公司运力前十排名见表1-1。

表1-1 全球班轮公司运力前十排名（截至2022年11月）

排名	公司	标准箱（TEU）/万	运力占比/%	国家或地区
1	地中海航运	457.54	17.40	瑞士
2	马士基航运	425.57	16.19	丹麦
3	达飞轮船	338.21	12.86	法国
4	中远海运集团	286.57	10.90	中国
5	赫伯罗特	117.09	6.74	德国
6	长荣海运	163.68	6.23	中国台湾
7	海洋网联船务（ONE）	152.72	5.81	日本
8	现代商船	81.81	3.11	韩国
9	阳明海运	70.74	2.69	中国台湾
10	以星航运	54.19	2.06	以色列

数据来源：Alphaliner。

2. 航运服务业分布差异化特征明显

不同类别的航运服务业在全球分布的特征存在明显差异。一是高端航运服务业的地区分布。高端航运服务业较多集中于欧洲城市，这些城市一般都是行政中心或者经济文化中心，而非沿海城市。高端航运服务业对航运金融、航运保险等信息、知识和专业型人才素质的要求很高，因此生产要素难以获得。在高端航运服务业中，伦敦、巴黎、莫斯科等城市的航运金融服务发达，而伦敦、巴黎、马德里、都柏林、米兰等城市航运保险服务集中。亚洲城市在高端航运服务业中也有重要地位，如新加坡、中国香港和东京，但相对于欧洲城市而言，亚洲在城市数量和发展排名上相对较弱。二是中端航运服务业的地区分布。中端航运服务业的分布中，亚洲城市的地位有所提升，特别是货代物流方面。中端航运服务业主要与集装箱运输、制造业生产销售活动密切相关，广泛分布在具有比较优势的国家和地区。三是低端航运服务业的地区分布。低端航运服务业则与劳动力密集和资本密集型产业相关，其附加值相对较低，比如仓储服务在部分亚非拉地区发展较为迅速。

3. 部分海洋强国交通运输业的发展现状

美国是全球海洋交通运输业最发达的国家之一，拥有着广阔的海岸线和内陆水道，众多的港口和航运公司，其中包括世界最繁忙的港口之一——洛杉矶港，这为海洋交通运输提供了良好的条件。美国的航运公司在国际航运市场占有重要地位，拥有规模庞大的船队、先进的船舶和物流设施，同时在 LNG（液化天然气）运输和港口设施升级等方面发展成效显著。

挪威拥有世界最长的海岸线和大量的海上资源，海洋交通运输业对其经济增长发挥着重要的作用。挪威的海洋交通运输业主要以航运为主，包括远洋航运、沿海航运和船舶建造等方面。挪威船东在国际航运市场中享有很高的声誉，其船队主要以先进、环保和高效的船舶为主。挪威还积极发展海上风电和开采海洋油气资源，带动了海洋交通运输相关产业的发展。

英国拥有众多的港口，其中包括世界最繁忙的港口之一——费利克斯托港。尽管英国现有的船队规模和港口的货运物流吞吐量已经不在世界前列，但是其海洋交通运输业悠久的发展历史及积淀，使英国船舶工业和船东服务在国际航运市场中仍占有一席之地，英国的海洋交通运输业在全世界依然发挥着举足轻重的作用。伦敦是世界航运中心，国际海事组织、国际海运联合会等海运业国际组织的总部均设在伦敦。英国在航运金融、保险以及相关的法律服务等高端服务业领域的地位举世瞩目。

（二）国内海洋交通运输业发展现状

中国近现代海洋交通运输业发展相对较晚。直到 1961 年，中国才成立了第一支自主经营的船队进行远洋运输活动。改革开放后，中国市场逐渐开放，国内需求不断增加，也带动了海洋运输商品的需求。2012 年国家首次部署海洋事业发展战略，2013 年提出构建"一带一路"发展倡议，进一步凸显了中国对海洋交通运输业的重视。海洋交通运输业的定义涵盖广泛，本书参考中国国家标准《海洋及相关产业分类》（GB/T 20794—2021）对海洋交通运输业的定义，即以船舶为主要工具从事海洋运输以及为海洋运输提供服务的活动。

1. 国内海洋交通运输业蓬勃发展

自"海洋强国"战略提出以来，促进海洋产业发展成为推动海洋事业的主要抓手。中国的海洋交通运输业作为传统的海洋经济支柱产业，在推动海洋经济发展中扮演着不可或缺的角色。中国目前是全球最大的货物贸易国，海洋运输航线和服务网络已经覆盖了世界上主要国家和地区与大部分主要港口。2022 年的数据显示，中国海洋交通运输业的增加值占中国海洋产业增加值的比重为 19.53%（见图 1-1），是占比第二的传统海洋产业。全年实现的增加值为 7 528 亿元，比上年增长了 6.0%。

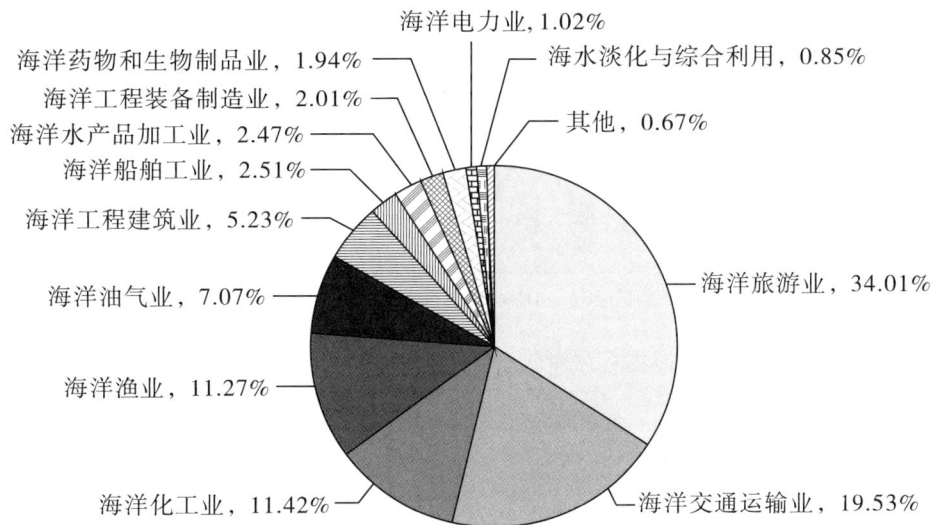

图 1-1　2022 年中国海洋经济增加值构成

数据来源：中国海洋经济统计公报。

一是港口建设和货物吞吐量方面。中国拥有世界上最大的港口体系，包括大型港口和沿海港口，如上海港、宁波港、深圳港、广州港等港口在国际贸易中发挥了重要作用。根据国家发改委发布的数据，2022 年全国港口完成货物吞吐量为 157 亿吨，其中，外贸货物吞吐量为 46 亿吨，内贸货物吞吐量为 110.77 亿吨，港口集装箱吞吐量为 29 587 万 TEU。同时，2022 年我国有八个港口位列全球港口货物吞吐量前十，七个港口集装箱吞吐量排名全球前十。

二是航运规模方面。根据交通运输部发布的《2022 中国航运发展报告》，截至 2022 年底，中国海运船队运力规模达 3.7 亿载重吨，较十年前增长一倍，规模为世界第二，沿海港口的集装箱国际航线基本上可以抵达世界所有主要港口。

三是港口货物吞吐量构成方面。2020 年，由于新发展格局的提出以及复杂的国际局势，中国沿海港口货物吞吐量增速受到影响。据图 1-2 数据统计，2022 年完成货物吞吐量为 101.31 亿吨，同比增长 1.6%，增速较上年下降 3.6 个百分点。近年来，远洋运输船舶及其净载重量呈下降趋势，而沿海运输船舶及其净载重量呈现稳中有升的趋势（见图1-3）。尽管船舶数量变化不大，但运载能力变化较快。

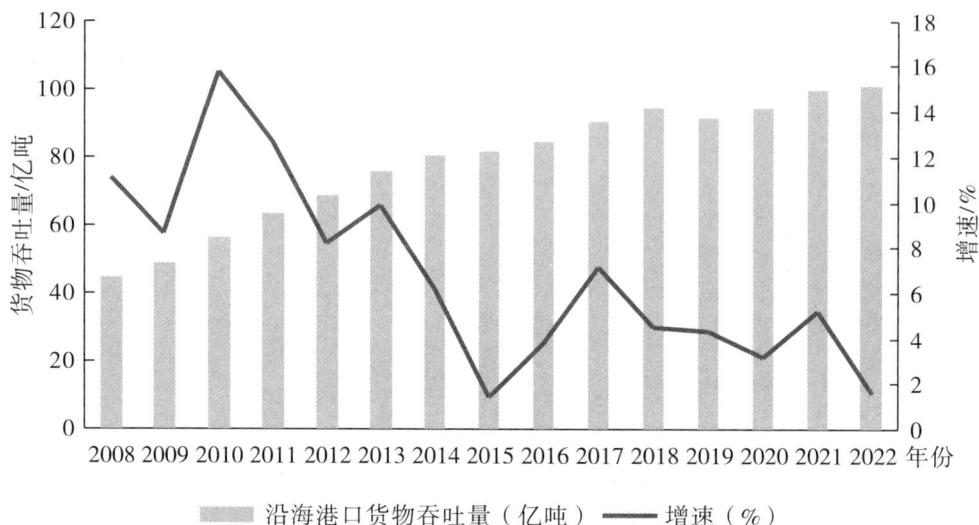

图1-2 全国沿海港口货物吞吐量变化及其增速

数据来源：交通运输部。

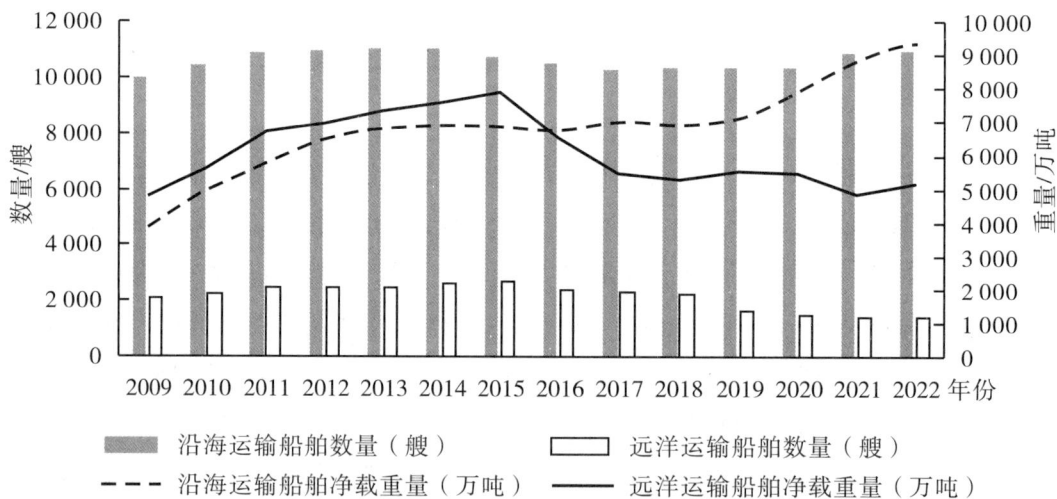

图1-3 全国海洋交通运输船舶数量及净载重量

数据来源：交通运输部。

四是港口内外贸货物吞吐量的构成方面。内贸逐渐恢复疫情之前的增长态势，而外贸的恢复情况不及内贸。在2022年，外贸货物吞吐总量较上年出现了下降的情况（见图1-4）。这主要是因为国内疫情稳定后，制造业逐渐恢复疫情以前的状态，并在直播带货、电商等新兴消费模式下内贸需求增加，商品贸易规模增长迅速。而国际环境复杂多变，外贸需求有所放缓，中国港口内贸吞吐量增长幅度远超过外贸货物吞吐量。

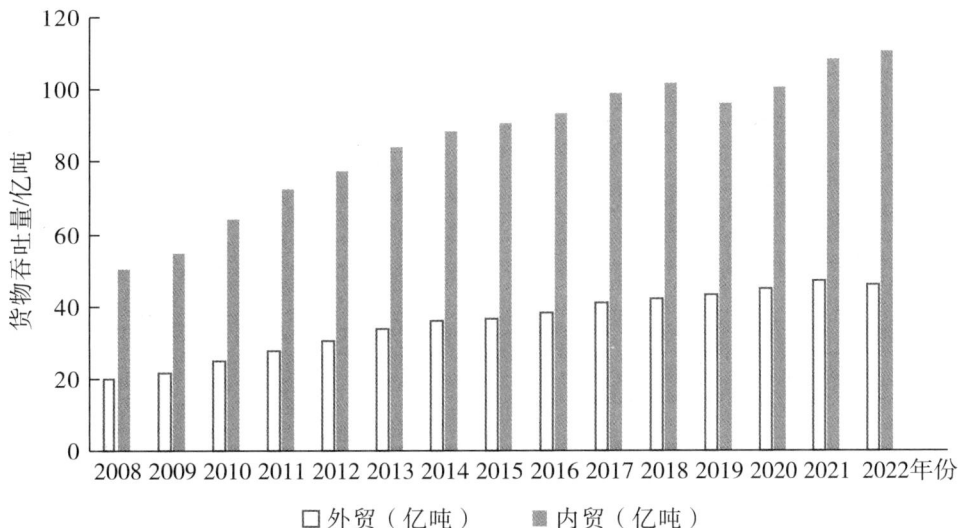

图1-4 全国港口货物吞吐量构成

数据来源：交通运输部。

面对复杂的国际形势，2020年多部门联合印发了《关于大力推进海运业高质量发展的指导意见》，旨在贯彻习近平总书记关于"经济强国必定是海洋强国、航运强国"的重要指示精神。该文件提出了分阶段建成海洋交通运输业高质量发展体系的目标，并指出了当前我国海洋交通运输业面临的问题，包括船队结构不够优化、海运服务发展有待完善、综合竞争力不强和创新驱动能力有待提升等。

尽管中国港口货物和集装箱吞吐量在世界上排名靠前，但中国船队规模仅占世界船队规模总吨位的8%，海运服务难以满足自身需求，较多海运服务由国外航运公司提供。中国港口建设不够完善。虽然港口的专业化和规模化不断增强，但服务水平普遍不高，航运业提供的附加值也较低。港口重复建设问题严重，缺乏整体规划。总体来看，中国海洋交通运输业规模虽大但竞争力不强，缺乏高层次人才，需要提高海运业在全球的竞争力。

2. 区域沿海港口发展水平差异较大

区域沿海港口的发展不平衡情况明显。交通运输部公布的数据显示，2022年中国沿海港口货物运输主要集中在东部沿海发达地区。其中，长江三角洲沿海港口货物吞吐量占比最高，达39.4%，稳居全国港口群之首；其次是山东沿海港口、津冀沿海港口和珠江三角洲港口，分别占比15.3%、14.8%和12.1%。西南沿海港口、辽宁沿海港口和东南沿海港口的货物吞吐量占比较低，分别为6.6%、6.0%和5.7%。具体到各港口群的情况，2022年长江三角洲沿海港口货物吞吐量同比增长1.6%，净增7 525万吨。其中，矿建材料、金属矿石和煤炭吞吐量分别同比净增4 780万吨、3 813万吨和1 629万吨，集装箱吞吐量同比增长4.9%。山东沿海港口货物吞吐量同比增长6.1%，净增1.1亿吨，增速明显高于其他港口群。非金属矿、煤炭、滚装汽车和机械设备是山东沿海港口吞吐量增长率较高的货类，集装箱吞吐量同比增长9.0%。而珠江三角洲沿海港口货物吞吐量同比下降3.8%，净减少5 908万吨，煤炭、矿建材料、钢铁和机械设备吞吐量下降明显，集装箱吞吐量同比增长0.8%。

表1-2　2022年各区域沿海港口货物吞吐量完成情况及增速

地区	吞吐量/亿吨		增速/%	
	总计	外贸	总计	外贸
全国沿海	123.5	45.2	1.3	-1.9
辽宁沿海	7.4	2.4	-6.0	-11.1
津冀沿海	18.3	6.5	3.5	5.6
山东沿海	18.9	9.9	6.1	-0.8
长江三角洲	48.7	15.4	1.6	-3.6
东南沿海	7.1	2.6	3.2	-0.7
珠江三角洲	15.0	5.3	-3.8	-4.6
西南沿海	8.1	3.1	-0.5	-0.7

数据来源：交通运输部。

（三）粤港澳大湾区 "9+2" 城市群海洋交通运输业发展现状

粤港澳大湾区"9+2"城市群集中在珠江三角洲范围内。自改革开放起，珠三角的经济依靠"大进大出"的劳动力密集型的加工制造业驱动，许多制造业需要的原料以及半成品都依赖外部输入，然后在珠三角地区加工制造成产品运往世界各地。因此，粤港澳大湾区的经济发展和贸易往来对海洋交通运输业的依赖性很强。

1. 发展机遇与挑战并存

（1）粤港澳大湾区基本形成多中心港口群。珠三角地区从改革开放以后开始经济腾飞，而粤港澳地区又是中国沿海开放的前沿阵地，在"一带一路"建设中发挥了重要作用。粤港澳大湾区港口体系的发展快速，基本形成了以香港、广州和深圳三个枢纽港为中心，佛山、东莞、惠州、珠海、中山、江门、肇庆及澳门等中小港口共同发展的区域港口体系，其中佛山和肇庆是两个内河港，其余港口均为沿海港口。

（2）粤港澳大湾区港口面临国内较大的外部竞争。中国加入世贸组织以来，全国航运市场迅速发展，长三角、环渤海区域形成了一大批优质港口，比如上海港、宁波舟山港、天津港、大连港、青岛港等，近年来这五个港口在货物进出口中发挥了重要作用。2019 年，仅这五个港口的货物吞吐量就占据了全国航运货物吞吐量的 45% 左右，相比之下粤港澳大湾区港口群的航运吞吐量占比整体呈现逐渐下降的趋势，全国港口群的竞争加剧。

（3）粤港澳大湾区港口群的发展趋势持续向好。粤港澳大湾区港口群货物吞吐量在 2007 年至 2020 年整体呈现上升态势。在经历 2008 年金融危机后，广东省的外向型经济受到影响，港口的货物吞吐量也相应受到影响。直到 2013 年中国提出"一带一路"倡议，后来又创立中国东盟自贸合作区以及签署《区域全面经济伙伴关系协定》等国家发展政策，这些政策红利为大湾区提供了良好的发展机遇，同时海洋交通运输业也迎来了利好的发展环境。

（4）粤港澳大湾区在海洋交通运输业中的地位日益显著。2017 年后，港口之间的竞争加剧，大湾区海洋交通运输业发展放缓。直到 2020 年新冠疫情暴发，世界经济发展普遍遭受严重阻力，国际航运业发展波动非常大，但是粤港澳大湾区的货物吞吐量仅出现小范围下降。根据《广东省海洋经济发展报告（2021）》，2021 年广东省内亿吨级别吞吐量的港口共有 6 个，其中有 5 个位于大湾区范围内。优良的港口条件以及香港在国际贸易中的重要位置，使得粤港澳大湾区成为世界上海洋交通运输业务最繁忙的地方之一。

2. 内部发展水平差异较大

（1）粤港澳大湾区港口吞吐量分布特征。从粤港澳大湾区港口群内部来看，港口吞吐量格局呈现出集中的内部趋势。货物主要进出于香港港、深圳港和广州港，这三个港口的货物吞吐量总体占据了大湾区整体货物吞吐量的60%以上，集装箱吞吐量占比90%以上。虽然这三个港口的货物吞吐量在大湾区的集中程度近年来有所下降，但是依然占据主导地位。

（2）粤港澳大湾区港口竞争格局的变化。香港是早中期中国对外开放和贸易往来的主要窗口，近年来香港港受到内地港口竞争的影响，在大湾区内部的领先地位逐渐被广州港和深圳港超越。广州港近几年基础设施不断完善、积极拓展国际航线、提升港口的服务能力，港口货物吞吐量占比连年增加。深圳港的货物吞吐量则相对稳定，增幅不及广州港，但是稳中有进，集装箱吞吐量近年来超越了广州港。东莞港和珠海港是大湾区近年来发展较为迅速的港口，其设施建设和港口吞吐量在大湾区内表现较好。随着内地港口基础设施的逐渐完善，货物运输费用相较于香港更具优势，这直接影响了香港港的领先地位。

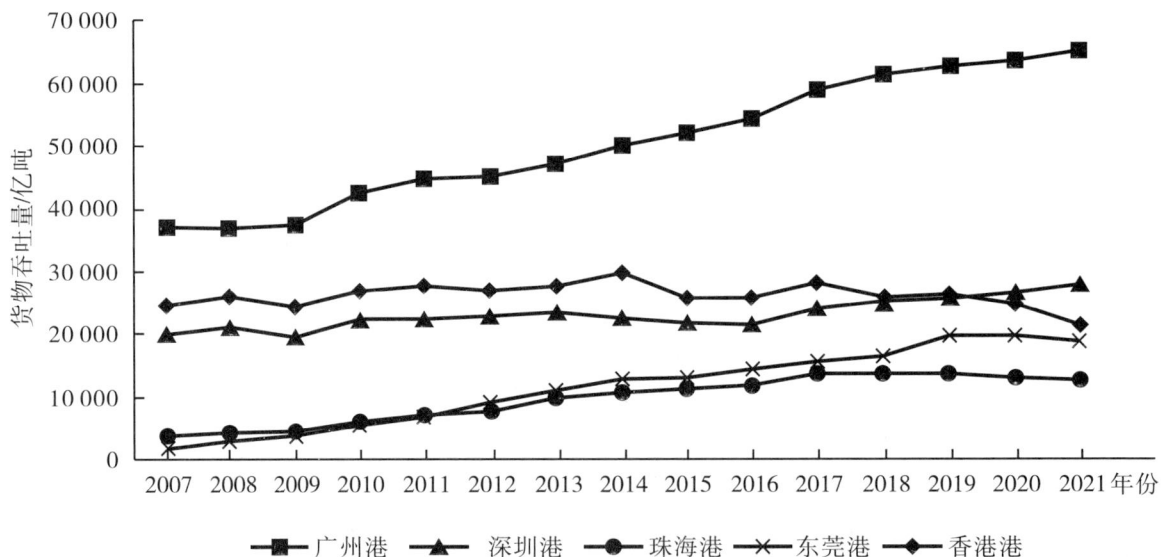

图1-5 粤港澳大湾区内部不同港口货物吞吐量

数据来源：广东省统计年鉴。

（3）广州港的综合货物贸易特点。广州港作为内贸第一大港，其内贸比例高达75%左右，货物种类丰富多样，具有明显的综合性。近年来，受国家发展战略支持，广州港积极发展多式联运，开通"湘粤非"国际海铁联运通道、中欧班列等通道，能够通往全世界100多个国家和地区的400多个港口，进一步提升国际航运综合服务能力。同时，广州港积极提升海洋交通运输服务软实力，成立了广州国际航运仲裁院、广州海事法院广东省自贸区巡回法庭等，为企业提供便利的航运相关服务，吸引了更多的航运公司，促进了航运金融、保险和海事仲裁等高端航运服务业在广州落地发展。

（4）深圳港的港口功能特点。与广州港相比，深圳港的港口功能明显差异化。深圳港以集装箱吞吐为主，大多为进出口货种。根据深圳交通运输局发布的数据，截至2022年12月31日，深圳港全年集装箱吞吐量首次突破3 000万TEU，创造了历史最高水平。

表1-3　2022年广东省部分城市货物及集装箱吞吐量

港口城市	货物吞吐量/万吨	集装箱吞吐量/万TEU
广州	62 906	2 460
深圳	27 243	3 004
珠海	10 237	110
东莞	16 540	341
惠州	8 458	25
江门	5 821	56
中山	1 469	133
广东总计	175 517	6 490
全国总计	1 568 453	29 587

数据来源：中国港口协会。

（5）香港的海洋交通运输业及其在国际贸易中的地位。香港是中国天然良港和远东航运的核心枢纽，超过一半的集装箱是国际中转箱。它不仅是珠三角的门户，也处于亚洲太平洋周边经济快速增长的中心位置。香港得天独厚的地理优势使其在国际贸易中发挥了极其重要的作用，是国际上著名的贸易中转站，是联通亚太地区和欧洲之间贸易往来的纽带。在过去很多年里，香港航运业一直是香港经济蓬勃发展的见证。直到2005年，亚洲地区又一国际化港口新加坡的集装箱吞吐量超越了香港，但香港在国际贸易中的地位依然非常重要。贸易和物流业是香港四大支柱产业之一，海洋运输为香港经济发展提供了强大的支持，基于金融、法律和航运业的专业优势，海运相关服务业是香港海运业的重要组成部分，由此产生了一批特色产业，包括航运保险、海事仲裁等。

表 1-4 典型年份粤港澳大湾区沿海港口集装箱发展情况

港口名称	2000 年		2010 年		2021 年	
	集装箱吞吐量/万 TEU	外贸集装箱吞吐量/万 TEU	集装箱吞吐量/万 TEU	外贸集装箱吞吐量/万 TEU	集装箱吞吐量/万 TEU	外贸集装箱吞吐量/万 TEU
香港港	1 425	1 425	2 370	2 370	1 779	1779
广州港	143	92	1 255	414	2 418	976
深圳港	399	372	2 251	2 144	2 877	2 661
珠海港	31	31	70	61	204	78
惠州港	6	6	23	20	31	3
东莞港	13	13	24	21	340	27
中山港	51	50	82	78	137	96
江门港	9	9	26	14	69	7
合计	2 077	1 998	6 101	5 122	7 855	5 627

数据来源：中国港口协会。

（6）澳门的海洋交通运输业及其特色。由于港口水道条件的限制，澳门的海洋交通运输业主要以沿海和内河水运为主。沿海运输主要负责客货往来业务，尤其是与香港和内地的直达航线。而内河水运主要负责澳门基本生活所需的物资运输，主要与珠江三角洲地区的口岸如江门口岸等往来。澳门拥有三个主要港口，即内港、外港和九澳港。内港由于水道宽度和深度有限，主要用于内水航运。相对来说，外港拥有更适合旅客运输的较宽的航运通道，所以这也是澳门与香港以及大湾区内地城市旅客运输的码头。而主要用于发展货物运输和集装箱运输、具备水深条件的港口是九澳港，九澳港与其他两个港口相比，天然条件更具优势，承载着澳门大量的货柜运输。

二、海洋交通运输业融合发展的意义

粤港澳大湾区一体化的融合发展，关键在于加强大湾区内城市产业之间的关联，促进大湾区的生产要素、商品和服务自由流通。然而，这些都需要交通运输业先行发展，为其他产业融合提供基础性的支撑。因此，粤港澳大湾区海洋交通运输业融合发展，实现海洋基础设施互联互通是非常必要的。

（一）经济发展的意义

1. 促进粤港澳大湾区内部海运业的优势互补和协调发展

总体而言，粤港澳大湾区内地港口群发展迅速，港口条件优良，基础设施不断完善，自动化和信息化水平不断提升，货物运输能力在全国甚至全球名列前茅。然而，在航运服务业方面，大湾区内地港口城市起步较晚，高端航运服务业以知识和人力资本为基本生产要素，明显落后于伦敦、新加坡等国际航运中心。因此，建设世界级港口群必须扶持高端航运服务业的发展。近年来，虽然香港的港口发展被新加坡等城市超越，但是香港仍然具有其他城市不可替代的优势。这不仅源于天然的地理优势、独特的制度优势等，还与香港发达的海运服务业有关。粤港澳大湾区一体化的融合发展可以直接促进香港航运在湾区内的业务发展。香港积极参与大湾区海洋交通运输业发展规划中，既可以巩固香港在国际贸易上举足轻重的地位和现有的产业优势，同时帮助带动粤港澳大湾区其他城市海洋交通运输业的发展。

2. 海洋交通运输业助力粤港澳大湾区各城市全方位深化合作

海洋交通运输业的融合发展将为香港、广州和深圳等地不断创新合作模式、深化合作内容打下坚实基础，充分发挥三个枢纽港（香港港、广州港、深圳港）的带动和辐射作用，促进大湾区港口群一体化发展，实现各港口之间的信息共享，人员和技术等要素流通、标准互认，为大湾区经济共同繁荣提供广阔的发展空间。

3. 发挥粤港澳大湾区海洋交通运输业对珠三角地区乃至整个华南的带动作用

粤港澳大湾区海洋交通运输业融合发展，是大湾区基础设施互通的重要一环。发展粤港澳大湾区的港口经济，可以实现海洋经济的崛起和产业的快速发展，进而带动服务业、金融业和航运业等行业的发展。同时，也将增强城市的辐射带动作用，促进海铁联运向内陆延伸，进一步带动珠三角地区的产业发展。此外，内陆腹地也可以通过承接粤港澳大湾区相关产业，助力产业转型升级实现经济增长。

（二） 社会发展的意义

1. 有助于增强民众的海洋意识

粤港澳大湾区海洋交通运输业融合发展凸显出海洋产业对经济社会发展的重要性和国家战略地位，提高民众对海洋安全的认识，为维护国家海洋权益和地区稳定作出贡献。同时，整合港口资源，避免港口重复建设，可以有效减少海洋资源浪费。

2. 有助于促进区域之间的人才交流与合作

跨区域融合发展强调湾区内的知识与人才交流，促进港澳地区了解内地经济发展和社会文化。不同文化之间的交流与融合可以增进相互了解，丰富区域文化的内涵。粤港澳大湾区提供了广阔的发展机遇和资源，人才可以充分利用广阔的平台提升个人能力和职业发展，增强粤港澳大湾区内部的整体认同感和归属感，有利于区域长期和谐稳定发展，齐心聚力共同应对风险与挑战。

3. 有助于促进产业聚集和增加青年就业岗位

粤港澳大湾区打造海洋交通运输产业聚集地，吸引海洋交通运输业上下游产业在大湾区内形成产业集群。未来更多的航运制造业和服务型企业、航运相关的国际组织等在湾区内落地，不断创造更多就业岗位，吸纳更多年轻劳动力共同建设大湾区，有利于解决青年人口的就业问题。

三、研究的目的和必要性

政府多次强调建设海洋强国的目标，国务院于 2014 年 8 月 15 日发布的《关于促进海运业健康发展的若干意见》首次对海洋交通运输发展战略目标以及主要任务进行系统的论述，重点突出其在确保国家战略安全和经济发展中的重要地位。2019 年国务院印发的《粤港澳大湾区发展规划纲要》提出加快基础设施互联互通，提升珠三角港口群国际竞争力。这一系列的重大政策指引都表明，粤港澳大湾区海洋交通运输业融合发展是大势所趋。

（一） 研究的目的

对海洋交通运输业现状的深入分析，可以寻找到海运业融合发展的路径。海洋交通运输业是我国海洋经济的支柱产业之一，在全球化发展的背景下，受到世界经济、科技和贸易的不断影响。这种影响带来了对航运业"大型化""深水化"和"运输集装箱化"等需求，要求运输规模和专业性的提升。世界经济环境不断变化，海运业作为和经济发展息息相关的产业，也会产生新的发展趋势。因此，对国内外海洋交通运输业的研究和分析，以及对粤港澳大湾区海洋交通运输业的现状探讨，可以找出融合发展所需要解决的关键性难题，为制定有效的发展策略提供依据。探索粤港澳大湾区海洋交通运输业的融合发展路径，有助于提高粤港澳大湾区海洋交通运输业的创新能力和竞争力，推动综合交通运输体系的协调发展，提升区域的国际影响力，助力实现海洋强国的战略目标。

（二） 研究的必要性

1. 优化资源配置效率的必然要求

目前我国距离发展为世界上的海洋强国仍有一定差距。而海洋交通运输业又是具备基础性和战略性的海洋产业，必须提前谋划海洋交通运输业的发展，为其他海洋产业的繁荣发展奠定坚实的基础。粤港澳大湾区地处世界重要的海上交通要冲，拥有丰富的海洋资源和优越的地理位置，融合发展海洋交通运输业可以促进资源整合和优化配置，提高行业的整体效益，有利于提升整个区域的国际竞争力。

2. 区域协调发展的必然要求

粤港澳大湾区各地的港口条件、比较优势不尽相同。而现阶段大湾区内的港口功能定位差异化不明显，导致港口和航运公司之间各自存在激烈的竞争，所以有必要站在大湾区的更高视角谋划融合发展，实现区域内协调、有序发展。

3. 推动科技创新和人才培养的必然要求

海洋交通运输业融合发展有助于推动科技创新和人才培养，提高区域的综合交通运输能力，增强创新驱动的经济发展动力。粤港澳大湾区的海洋交通运输业融合发展也是国家政策导向，符合"一带一路"倡议和粤港澳大湾区建设的整体发展要求。

第二节　现状分析

现代海洋交通运输业是现代海洋服务体系的重要组成部分。通过研究世界著名湾区的发展经验，可以发现海运和港口经济对于促进湾区面向全球发展现代化海洋服务业、推动湾区产业联动、增强湾区经济竞争实力等具有重要作用。

一、粤港澳大湾区海洋交通运输业融合发展的优势与特色

广东省的海洋经济发展在全国连续多年名列前茅，粤港澳大湾区比中国其他港口群具有一些明显的独特优势，认识到这些制度、地域以及资源优势有助于更好地因地制宜，充分发挥粤港澳大湾区海洋交通运输业高质量融合发展的引领作用。

（一）地理区位优越，贸易网络多元

粤港澳大湾区具有对外贸易的地理位置优势和港湾资源。毗邻中国大陆，从该区域出发，通过海洋运输可以直达台湾、海峡西岸经济区、北部湾经济区以及东南亚各国。随着中国和东盟签署的《区域全面经济伙伴关系协定》（RECP），未来中国与东盟国家之间贸易往来和双边合作将进一步加强。粤港澳大湾区相对于中国其他港口群，比如长三角和环渤海地区，更加具备对外贸易的天然地理优势。近年来，粤港澳大湾区不断完善海铁联运线路、中欧班列等，进一步丰富了粤港澳大湾区的"朋友圈"。粤港澳大湾区是中国实施"一带一路"倡议的关键节点和重要空间载体，在国际贸易和海洋运输中发挥着非常重要的作用。

粤港澳大湾区是实现国内国际双循环的重要枢纽。粤港澳大湾区不仅可以通过发达的港口航线和多枢纽的航空运输联通世界各地，对内还可以通过陆、河、海铁联运等多种方式将工业产品输入内陆腹地，包括湖南、湖北、江西等众多内陆省份和地区。天然的区位优势为粤港澳大湾区的产业提供了广阔的发展空间，推进粤港澳大湾区建设是实现中国新发展格局的重要环节。

（二）独特制度优势，有力激发创新

粤港澳大湾区拥有全国最独特的制度优势，融合了一个国家的两种社会制度

和三种关税制度。在不同的制度体系下，粤港澳大湾区将会迸发出更多的制度创新火花。作为中国经济发展最具活力的地区之一，粤港澳大湾区包含了香港和澳门两个特别行政区，深圳和珠海两个经济特区，以及南沙、前海、横琴三个自由贸易试验区。国务院还批复设立了珠三角国家自主创新示范区等一系列的改革开放前沿阵地。多样、互补的制度为粤港澳大湾区的发展提供了广阔的合作空间，特别行政区、经济特区、自由贸易试验区等一系列政策和制度的叠加效应，赋予了大湾区无可比拟的制度优势。

（三）产业基础雄厚，城市优势互补

粤港澳大湾区拥有雄厚的产业基础。珠三角地区是全球最大的制造业基地之一，广州和深圳是中国的制造业和科技中心；珠海航空航天产业、东莞电子信息产业等发展迅速；香港以其国际金融中心、航运中心和自由贸易港的地位而闻名，金融服务业、旅游业和现代服务业相当发达；澳门的旅游业和娱乐业也享誉全球。粤港澳大湾区拥有先进的制造业集群和现代服务业的产业优势，产业结构较为完整，涵盖了电子信息、机械装备、金融、物流、旅游等多个行业。香港、澳门和珠三角地区的城市在产业上具有较强的互补性，推动着各城市之间的相互协作，共同促进粤港澳大湾区产业发展。

（四）市场需求庞大，人力资源丰富

粤港澳大湾区是中国最重要的人口集聚区之一。2020年粤港澳大湾区人口总数已经超过了7 800万，超过了世界其他三大湾区（纽约湾区、东京湾区和旧金山湾区）的人口总和。作为中国最具活力和创新能力的地区之一，粤港澳大湾区在经济发展、生活环境、文化氛围等方面具有很强的吸引力。同时，粤港澳大湾区拥有各类高校和专业研究机构，尤其是香港、澳门和广州聚集了一大批知名高校，为粤港澳大湾区制造、金融、法律等行业发展提供了强有力的人才支持。

二、粤港澳大湾区海洋交通运输业融合发展的问题与不足

粤港澳大湾区海洋交通运输业的融合发展是一个复杂的系统工程，实际运行过程中可能面临多方面的问题，如缺乏统一规划和重复建设等。为推动粤港澳大

湾区海洋经济的可持续发展，需要政府、企业以及社会各方共同努力，加强合作，共同探索创新解决方案。

（一） 不同港口资源分散， 缺乏整体分工配合

粤港澳大湾区不同港口存在多个运营集团，存在较为明显的利益冲突等问题。深圳招商局港口集团、广州港集团、珠海港控股集团等，基本形成"一城一港"的相对分散的运营模式。这导致了各港口资源的分散和整体战略规划的缺失，港口建设过于强调吞吐量而忽视因地制宜的考量，降低了资源配置效率。总体上看，粤港澳大湾区港口群目前更注重合作而非整合，基础航运的附加值低、效能不高，过度竞争使得各港口难以做大做强，区域性港口竞争力没有得到有效发挥。

粤港澳大湾区内地城市的功能定位不明晰，规划上没有突出差异化和错位发展。比如广州港和珠海港、东莞港等制造业发达城市存在内贸业务之间的相互竞争。各地政府虽然纷纷出台港口发展规划，但过于注重规模扩张，导致粤港澳大湾区内的港口产能扩张过快，容易发生产能过剩的问题。因此，大湾区港口资源难以整合，未形成良好的分工，需要通过统一规划和调度，突出差异化和错位发展，以解决港口资源分散和缺乏整体分工配合的问题。

（二） 航运服务相对薄弱， 港口软实力较欠缺

港口服务主要集中在传统物流活动上，与世界先进港口相比，现代化服务水平仍有较大提升空间。在粤港澳大湾区内，地区港口在航运服务、金融创新、海事法务、保险、航运组织联盟、服务标准规范等产业链条方面仍存在较大差距，港口软实力相对不足。具体表现在内地港口航运服务业更注重港口业务，而轻视航运业务的发展。港口业务是内地港口航运服务业的主要支撑，而航运业务发展相对滞后。航运辅助业务及衍生业务的发展层级相对较低，限制了航运业的整体发展水平。相较于新加坡、法兰克福等城市，粤港澳大湾区内地城市在航运规模、竞争力和影响力上还有较大的提升空间。

（三） 港口与城市的矛盾突出， 集疏运系统需完善

随着大湾区港口和城市的快速发展，陆路疏港交通与城市交通相互干扰严重。公路运输在港口集疏运体系中的占比较大，给城市交通带来了巨大的压力，货运

交通与城市交通之间的冲突日趋严重。交通拥堵问题日益加剧，不仅影响了城市交通的正常运行，还对市民的生活造成了负面影响。集装箱货车的尾气和噪声污染对城市环境与居民健康构成了威胁。此外，港口配套功能的需求也占用了城市的发展空间，随着港口业务的增长，进一步造成城市土地资源紧张。以深圳港为例，公路集疏运比重高达70%，大量集卡车穿城行驶，导致城市道路系统严重拥堵；集卡车占道停车现象普遍，造成一些主干道经常拥堵。

三、粤港澳大湾区海洋交通运输业融合发展的路径

粤港澳大湾区的海洋交通运输业目前整体实力与世界级湾区相比还有一定差距，面临着"大而不强"的挑战。为了解决这一问题，需在优化港口内部结构、完善港口功能分工合作以及引导海洋交通运输业向绿色化智能化方向发展等方面进行改进，多措并举推动粤港澳大湾区海洋交通运输业融合发展。

（一）利用市场化手段促进资源整合

为促进港口资源的合理配置，可以建立市场化的港口资源配置机制，通过市场化的价格、竞争和供求机制来引导港口资源的合理配置。政府引导港口企业进行市场化改革，例如通过股份制改造和上市等方式引入市场化的经营机制与管理模式，以提高企业的经营效率和竞争力。此外，港口企业也可以通过市场化的融资方式吸引社会资本，从而扩大企业规模和提高服务水平。此外，港口之间还可以通过合作和联盟等方式实现港口资源的共享协同，以提高港口群的整体效益和竞争力。

（二）谋划区域港口群功能战略分工

为避免港口过分同质化竞争，需要对粤港澳地区的港口群进行全局谋划。充分考虑各地方与整体发展之间的利益平衡，减少海洋交通运输业融合发展的阻力。为此，应该站在全局"一盘棋"的高度，推进各港口的功能战略分工。具体来说，充分发挥不同地方拥有的资源和经营优势，加强粤港澳大湾区各城市之间在海洋交通运输政策方面的协调，形成有序配合的政策体系，促进整个粤港澳大湾区港口群形成功能互补、优势互惠、层次分明的统一体。整体上加强基础设施建设，

共同推进港口、航道、码头等基础设施的完善和升级，提升航运能力和效率。同时，不断加强各地区之间的交流与合作，深化粤港澳大湾区的共同发展理念，以形成共同繁荣、协调有序、内在联动的航运业融合发展集群。

（三）促进航运业向绿色智能化发展

在现代能源革命的大背景下，越来越多的国家逐渐意识到改变现有能源结构的重要性。发展更清洁、低碳、可再生的新能源，摆脱对传统石油、煤炭等能源的依赖，成为不同国家普遍认同的能源战略。在海洋交通运输业，海上船舶等交通运输工具的能源也要逐渐转换为可再生能源，这不仅是出于减少海洋污染、节能减排的目的，更是支持国家能源结构变革的重要行动。同时，随着能源结构向绿色化方向发展，航运业运输国际大宗商品会面临需求减少的问题，因此航运业也需要提前做好准备，适应运输需求灵活调整船舶结构。随着5G网络技术的普及、北斗卫星定位系统逐渐得到更加广泛的应用、区块链网络的不断深化发展以及万物互联对人们生活的方方面面产生的影响，未来的社会发展和经济发展都会得到质的飞跃，海洋交通运输业发展也随之向智慧化、数字化方向发展。

（四）大力推动航运服务业协调发展

尽管粤港澳大湾区在航运业运输规模方面居于全球领先地位，但是其航运业要素聚集的能力却没有和如此强大的运输承载能力相适应。通过现状分析可以发现，大湾区内部的港口建设和航运相关的服务业所产生的附加值较低，相关的海事制度有待完善，以及所提供的航运服务等运营环境还有较大的提升空间。这些不利因素限制了粤港澳大湾区的航运服务产业链向上下游延伸，没有形成一个完整的、相互协同的航运服务业体系。为了推动粤港澳大湾区海洋交通运输业融合发展，需要围绕航运服务业打通其上下游各个环节。首先，依托政策推动聚集航运服务业的相关技术、资本、人力等要素聚集，提升航运服务的有效供给。其次，优化高端航运服务业的结构质量，逐步提升高端航运服务业的附加值。最后，健全航运服务的综合管理，减少大湾区航运服务产业链发展的制度阻力，有效保障政策规划落地。

第三节 案例分析

随着粤港澳大湾区一体化建设和粤港澳区域产业融合的规划、政策相继出台，相关问题日益受到关注，有关部门也展开了积极探索和实践。对这些案例进行分析研究，可以帮助获得一些有效的经验和结论，从而更好地规划海洋交通运输业的融合发展。

一、粤港澳大湾区组合港项目

（一）粤港澳大湾区组合港项目概况

广东省以其发达的制造业著称，其大规模生产和销售模式催生了大量的海上运输需求。然而，由于珠江水道的深度较浅以及沿岸桥梁的限制，大型船舶无法进出珠江沿岸的港口。因此，为了能在沿江的码头卸货，船舶需要提前在珠江入海口进行驳船操作。这导致企业必须在两地海关办理转关手续，增加了运输时间和成本。为了解决这一问题，2020 年 11 月深圳海关和广州海关推出了"深圳蛇口—顺德新港组合港"项目。该项目通过两个直属海关协同监管，支持大湾区沿海的枢纽港和内河支线港一体化运营，企业可在顺德一次性办结通关手续，然后由驳船运送到深圳西部港区换装大船出海，从而大大减少了企业运输货物报关的时间和成本。类似的项目如"深圳蛇口—顺德北滘组合港"和"深圳蛇口—南海九江"也相继开通。截至 2023 年 7 月，大湾区组合港项目累计开行线路达 35 条，实现大湾区内地城市全覆盖，形成优势互补、互惠共赢的港口群。广州、珠海、佛山、惠州、东莞、中山、肇庆等 9 个地市开通了 26 个组合港点位，挂牌运营了 12 个内陆港；共有 30 条海铁联运班列，以及 300 多条国际班轮航线，能够通达 100 多个国家和地区。这样的航运网络体系实现了远近洋、干支线和内外贸相结合。

为了帮助企业降低成本并提高效率，解决辗转报关的问题，深圳海关推出了粤港澳大湾区组合港的模式，简化了货物运输的流程。这一微小的改变实际上帮助了成千上万的企业降低贸易成本。港口之间的信息和标准共享，并加入了 5G、区块链、大数据等现代化技术，大幅提高了粤港澳大湾区港口群的货物周转效率和服务水平。顺德生产的家用电器占到全国的15%。由于"深圳蛇口—顺德新港组合港"项目的启动，曾经需要辗转蛇口和顺德的家电出口企业，现在只需要进行一次报关就可以出口。据悉，该组合港项目启动后，顺德的家电企业可以节省30%的报关成本，还节约了通关时间。这一项目启动以来，得到顺德家电企业的广泛好评，超过七成的货柜出口开始采用组合港模式。

（二）粤港澳大湾区组合港项目的主要结论和启示

粤港澳大湾区组合港项目通过打破港口间的空间壁垒，实现了城际港口之间的物流协同和无缝连接，通过功能组合、水路转运、数据协同和港口合作，实现"多港合一"。据报道，深圳海关在2022年第一季度推出的"粤港澳大湾区组合港"项目的进出口吞吐量达到了5.4万TEU，同比增长超过6倍。

1. 主要结论

粤港澳大湾区组合港项目最初由广深两地有关部门推动，试点实施效果明显，随后吸引了越来越多的地区和港口参与进来。组合港项目不仅惠及周边地区，降低了航运企业"看得见"的成本，还融合了更多现代先进科技手段，进一步建设区块链网络，推进港口的智慧型建设。组合港项目从企业的角度，为企业降低了成本，提高了运营效率，以此为突破口不断丰富组合港项目的内容，使得组合港项目由线发展为连接各地的面，提高了港口群的整体实力。

2. 启示

粤港澳大湾区组合港项目是大湾区"9＋2"城市群海洋交通运输业融合发展的一次成功创新和实践，实现大湾区内地9市100%全面覆盖。随着组合港项目仍然不断增加新的航线，越来越多的企业享受到了"多港如一港"带来的便利。该项目也具有可复制的特点，有望为其他区域海洋交通运输业融合发展提供思路。

（1）立足贸易便利化降本增效。粤港澳大湾区组合港项目实际上就是立足于提高货物贸易的周转速度，减少不合理、不必要的港口停留时间和支出。此举大幅节约了企业运输的时间，提高了码头场地和集装箱的作业效率；同时有效降低了贸易企业的通关物流成本，提高了资金周转效率，吸引了更多的航运企业，便利了航运业市场主体，为推动大湾区港口物流综合建设的高质量发展贡献力量。组合港项目的成功实施，让更多企业享受到通关便利，使得大湾区海洋交通运输业融合发展惠及广大社会群体。"深圳蛇口—顺德新港组合港"以蛇口、顺德两港一体化为起点,逐步辐射整个大湾区,直接推动大湾区各方的互联互通,提升大湾区一体化和智能化程度。海洋交通运输业融合发展让各方参与进来,提高了大湾区港口群整体竞争力。

(2)多方协调打通物流通道。在组合港项目推动过程中,各地区有关部门积极进行相关政策的协调和改革,致力于为打通物流通道、减少贸易壁垒、提高跨境贸易的便利性,提供法律保障和政策支持。同时,针对通关流程烦琐等问题,减少贸易流程中不必要的环节,以鼓励地方和企业积极参与物流通道的建设和运营。建立物流信息共享平台,使得各方能够及时获取物流信息,提高了通关效率和降低了企业运营成本。

(3)充分应用技术创新提高效率。粤港澳大湾区组合港项目采用了先进的技术手段,如智能化港口、区块链等,提高了海洋交通运输的效率和安全性。在推进粤港澳大湾区海洋交通运输业融合发展的过程中,使用新技术可以有效促进各城市之间的信息共享、标准互认,切实提高海运的效率与质量。

二、广州港资源整合案例

2018 年 7 月,广东省交通运输厅形成《广东省港口资源整合方案》(稿)。整合方案提出坚持政府引导、企业主导、市场运作为主的原则,以广州港集团、深圳港口集团(深圳市内部整合组建)为两大主体,分区域整合沿海 14 市及佛山市范围内的省属、市属国有港口资产。

(一)广州港资源整合案例概况

广州港集团(简称"广州港")采取了增资扩股以及收购等方式,率先进行港口资源整合。2018 年 11 月,广州港出资收购了佛山高明港区海口码头项目公司 40% 的股权。几天后,广州港再次收购了中山港航 52.51% 的股份,从而实现了对中山港航的控制。

2018 年 9 月,南沙港区四期全自动化集装箱码头项目由广州港股份有限公司、佛山市公用事业控股有限公司和中山城市建设集团有限公司共同合资建设经营,工程总投资概算为 69.74 亿元,广州、佛山和中山分别占股 65%、19% 和 16%。

该项目主要用于建设集装箱中转港，改变中山和佛山两地缺乏大型沿海港口的状况，充分发挥两地现有的内河港口的作用。

2022 年 7 月，广州港南沙港区四期全自动化码头正式投入运营。广州港南沙港区四期码头是全球首个江海铁多式联运全自动化码头，也是粤港澳大湾区首个全新建造的自动化码头。四期项目在正式投入运营后，与原来的一期、二期和三期项目相互联动，进一步提升了广州南沙港国际物流疏运能力，使得粤港澳大湾区海洋交通运输业发展向智能化、绿色化迈上了一个新台阶，为大湾区建设世界级港口群提供了有力支持。该项目的设备建造和系统开发均实现了国内自主生产，具备智慧、低碳、经济集约和自主可控等特点。广州港为落实大湾区港口资源整合实现了实质性的推进，为大湾区海洋交通运输业融合发展树立了新标杆。

（二）广州港资源整合案例的主要结论和启示

在当前粤港澳大湾区"一城一港"的建设模式下，各城市群港口之间存在同质化竞争的风险，从长远来看并不利于海洋交通运输业融合发展，同时也浪费了公共资源。现实中，大部分港口之间仅停留在合作层面，未能实现真正地整合资源，从而也无法保障依托港口的航运业融合发展。

1. 主要结论

广州港利用市场化的方法，通过增资扩股、收购的方式整合了港口资源。广东省沿海港口的经营状况相对复杂，多家港口集团控制着不同码头的运营，涉及多方资本和多家上市公司，资源相对分散。广州港通过持股和收购的方式，使得港口之间实现"利益绑定"。这样不仅能够改善部分港口的经营情况，还能从全局出发进行港口功能规划，促使单个港口的发展目标与整体的发展目标相一致，更好地发挥集中力量办大事的作用。另外，各个港口根据实际情况相互投资、参股，加强了港口之间的利益相关性，完善了港口之间的利益分配，更好地实现港口之间的分工协作。这一举措调动了港口之间共同参与的积极性，为推进大湾区整合港口资源提供了解决方案。

2. 启示

广州港的整合案例反映出粤港澳大湾区港口群未来融合的发展趋势。在政策的支持下，由有能力的国有企业担当整合港口资源的重要责任，统筹协调港区之间的发展重点差异化和功能错位，完善利益分配以鼓励港口之间分工合作，为带动粤港澳大湾区港口群的高质量发展打下坚实基础。

（1）政府应当引导港口资源整合，企业仍然是市场的主体。港口资源整合涉及各个行政方面的管理体制矛盾以及财政利益协调等问题，一般会面临较大的压力，实践起来也较为复杂，因此需要政府引导，让国有资产以多种模式参与其中，以保证整合的各个环节的发展方向能够与地方战略方向一致。通过整合形成地方国资委管辖的国有控股集团，实力雄厚的国有企业是完成整合的关键因素之一。此举将有利于推动区域内各港口功能的互补与错位发展，摒弃港口之间同质化竞争。但是也要注意防止港口资源过度集中形成垄断。

（2）政府应该激励各港口企业主动参与整合，完善多元化利益分配。通过市场化手段连接不同投资者，实现投资主体多元化，形成利益共同体，调动各方因地制宜参与港口群建设，提高资源分配效率。政府作为引导者、协调者和监督者，要为充分利用市场提供良好的环境。同时也要尊重市场规律，避免政府过度干预港口企业运营。

第四节　对策建议

海洋交通运输业是粤港澳大湾区海洋经济发展的重要支撑，实现融合发展可以提高运输效率和降低运输成本，带动港口、物流、航运等相关产业升级和技术创新，进一步促进区域经济的发展，加强大湾区各个城市之间的合作与协同，形成优势互补的发展局面，提升大湾区在全球海洋交通运输业的地位和竞争力。

一、加强整体规划的协同性

粤港澳大湾区拥有两种制度、三个关税区，这增加了粤港澳大湾区海洋交通运输业融合发展的难度。因此，建立跨区域协调管理机制，并加强各市政府的衔接工作，进行政府间的交流显得格外重要。上级组织对各地方政府规划落实情况进行监督和考察，是保证各方资源得到有效整合的前提，保障粤港澳大湾区"9+2"城市群海洋交通运输业能够快速融合发展。

（一）完善各港口功能定位

为避免港口之间的恶性竞争，有关部门之间需要进行协调联动，针对每个城市的港口的优势特色和不足进行战略定位，找到粤港澳大湾区整体发展目标与地方发展战略相平衡的港口功能定位，减少规划建设过程中的阻力。同时从全局出发，强调各港口之间错位发展、功能协同，避免重复建设浪费经济资源。有了明确的发展定位，各地方政府才能更加有针对性地出台相应的发展规划；同时各个监督管理机构也需要监督落实港口建设按规划进行，避免落实不到位，或者地方政府为了实现短期利益而牺牲整体长远利益。

（二） 积极开展创新项目试点

利用先行示范区的优势，积极开展创新项目试点。各地海关等相关机构有组织有计划地全面深化业务改革，比如在保障安全的基础上加快通关效率，优化报关放行全流程，促进制度创新、模式创新以及实现一站式报关通行的业务流程。加强数字化、信息化以及大数据系统开发应用，让企业减少不必要的运输成本，有效提升有关部门的服务能力和监管能力。项目在小范围试点成功，具备可复制的特点后，还可以逐步应用于其他区域，但是也不能完全生搬硬套，需要根据不同地区海洋交通运输业发展的功能规划因地制宜，减少同质化竞争。

（三） 完善各港口集疏运体系建设

推动港口大宗货物集疏运体系向水路和铁路转移，减少公路集疏运的比例，降低运输成本和减少环境污染。持续推进水水中转的组合港建设，不断完善湾区港口群的水路运输网络，大力支持企业参与大湾区组合港项目，推动组合港之间的转运驳船运输班轮化。同时兼顾内支线中小码头建设，完善驳船泊位等配套设施。构建海铁联运—内陆港运输体系，减轻公路集疏运对城市交通的负面影响。积极推进大湾区港口城市与更多腹地城市的合作，与相关铁路部门协商为海铁联运争取更多的优惠政策，提高海铁联运的吸引力。

二、完善利益分配与共享机制

通过港口资源整合完善合理的利益分配机制，使得港口之间的利益联系更加紧密，形成港口群命运共同体。完善港口之间的航运要素共享机制，提高信息、人力和技术等要素利用率。同时采取一系列的措施调动产业主体积极性，激励航运企业参与到大湾区航运业融合发展当中来。

（一） 政府与市场化相结合实现港口资源整合

在政府引导下，结合市场化手段，对区域内的港口企业进行资产重组，实现港口资源整合。打破过去"一城一港"相互割裂的发展模式，整合区域内（甚至可以跨区域）自然资源和经营资源。例如，宁波—舟山港集团、江苏省港口集团，就是采取了政府引导和市场辅助的方式实现了区域内资源整合，并且取得了不错的成效。在平等协商的基础上，确定合理的运价，规定各方合作利益分配比例，达成联盟协议签订合约。同时通过市场协调，鼓励各港口之间合资控股，将各港口的利益绑定在一起。

（二） 完善要素共享机制

完善航运要素共享机制，包括共享港口运营信息、基础设施、岸线资源和人才资源。共享港口运营信息，将湾区内港口资源、港口运营情况、出港船舶信息、货物信息进行实时共享，最终实现依托大数据精准建立智能化港口。加强港口之间的人力资源共享，提高人员利用效率，缓解相关专业人才短缺的问题。促进港口之间的技术共享，比如先进港口运营管理经验、物流信息技术等，提高港口整体的技术水平和作业效率。

（三） 持续调动市场主体的积极性

为了吸引更多产业主体参与到海洋交通运输业发展中来，需要切实帮助企业降本增效，提高航运企业的运输效率。政府可以出台相关政策，鼓励海洋交通运输业发展，比如税收优惠、财政补贴、贷款支持等。另外，有关部门也可以适当简化审批流程，提高办事效率，降低企业制度性交易成本。不断完善港口、航道等相关的基础设施建设，提高航运业的运输效率和服务质量。维护公平竞争的市场环境，为航运产业主体提供良好的发展空间。

三、发展高端航运服务业

粤港澳大湾区发展高端航运服务业势在必行，然而现实中存在专业人才培养水平不高，对高层次专业型人才的引进力度不足等问题。粤港澳大湾区要实现航运服务业全产业链建设，必须培育一批高素质人才和龙头企业，形成航运服务业的知识、信息、人力资源等要素的集聚地。

（一） 培养航运服务业相关的高素质人才

人力资源是重要的生产要素，特别是在建设知识型服务业时尤为重要。培养海运服务业相关的高素质人才不是一朝一夕的事情，需要长期的信息、知识积累以及成本的投入。应以各类研究机构为依托，与高等院校共同推进相关人才的培养。加强专业人才队伍建设，形成良好的航运业发展环境和氛围，提供必要的就业保障措施，引导青年人树立服务海运、建设海运的意识。加强内地城市与香港高端航运服务业的人才交流，充分发挥香港在高端航运服务业的发展优势，辐射和带动内地城市建设高质量航运服务业。

（二） 引进航运服务业专业机构和龙头企业

利用粤港澳大湾区良好的营商环境，吸引和促进要素市场的建设。打造粤港澳大湾区国际航运金融、航运保险、海事事务服务体系，开展国际航运结算、支付、融资等业务。鼓励设立航运金融租赁公司等，大力引进航运专业银行，方便国际航运公司结算、融资等，开拓融资渠道降低融资成本。打造布局合理、功能互补、产业聚集程度高、辐射带动能力强的航运要素功能集聚区。

四、引导海洋交通运输业绿色化智能化发展

"双碳"目标背景下，海洋交通运输业朝着绿色低碳方向发展是大势所趋，粤港澳大湾区可以通过大力推广清洁能源和深化生态环境保护工作，加快海洋交通运输业绿色转型升级。另外，发展智慧港口群是航运业与新兴技术相结合的重要载体，是提高全要素生产率和提升航运服务质量的有效手段。

（一）　促进海洋交通运输业绿色化转型

在港区大力推广使用清洁能源。鼓励港区和船舶使用清洁能源，制定相关财政激励、税收优惠或补贴政策。在港区建设太阳能发电系统、风力发电系统等可再生能源设施，利用港区的空间和资源发展清洁电力，减少对传统化石燃料的依赖。同时在港区建设普及电动汽车充电桩和液化天然气（LNG）加注设备，鼓励使用电力或 LNG 作为能源。深化港口污染防治工作。各地制定船舶水污染物接收转运及处置设施建设方案，细化和规范港区和船舶污水处理的全流程；联合各地相关主管部门开展联合检查执法和集中整治行动。

（二）　提升港口和航运智能化发展水平

第一，加强信息化基础设施建设。在港口投资建设先进的通信网络、卫星导航系统和数据中心，确保高效地收集、传输和处理航运和港口信息。第二，推广智能化技术应用。采用 5G、物联网、大数据、人工智能和区块链等新兴技术，实现船舶智能化航行、货物智能化管理和港口智能化运营。第三，加强国际合作与交流。积极参与国际海洋交通运输领域的合作与交流，分享和学习先进港口管理经验和技术。第四，积极推动建立统一的行业标准和规范。制定粤港澳大湾区海洋交通运输业智能化发展的相关标准和规范，确保各类智能化设备和系统相互识别以及数据安全。

第二章 广深珠中江海洋工程装备制造业融合发展案例研究

海洋资源丰富，对于我国这样一个人口大国而言具有重要意义。然而，要开发利用海洋资源，需要强大的技术支持和制造业基础。在这一过程中，拥有精密技术的海洋工程装备至关重要。广东省作为全国经济大省，也是海洋资源非常丰富的省份。随着经济的发展，广东省政府越来越重视海洋资源的开发，并大力支持海洋工程装备制造业的发展。因此，本章将聚焦广州、深圳、珠海、中山、江门五个城市的海洋工程装备制造业发展现状与政策支持，同时结合海洋工程装备制造业的发展案例，分析这五个城市的海洋工程装备制造业融合发展路径。

第一节 研究背景

海洋工程装备的应用覆盖多个领域，包括勘探、开采、加工、储运、管理和后勤服务等。这些装备具有科技含量高、资本投入大、产品产出高等特点，同时伴随着高附加值和高风险。海洋工程装备集先进制造、信息、新材料等高新技术于一身，对推动国民经济发展起着重要的作用。海洋工程装备属于高度复杂的设备，其制造和开发需要投入大量资金和人力资源，同时伴随着极高的风险。海洋工程装备的产业链主要涉及三个核心环节：装备设计、装备总装建造和配套设备。各个环节相互衔接，共同构成了海洋工程装备的整个产业链。海洋工程装备制造业的发展可以带动整个产业链的发展，推动整个行业的发展。

一、国内外海洋工程装备制造业发展现状

（一）国内海洋工程装备制造业发展现状

1. 政策现状

在《中国制造 2025》中，国家将海洋工程装备及高技术船舶列为重点推动领域，旨在提升深海探测、资源开发利用和海上作业保障装备的开发能力。国家和省市级层面的政策分别见表 2 - 1、表 2 - 2。

表 2 - 1　国家层面政策

时间	政策文件	主要内容
2006 年	《国家中长期科学和技术发展规划纲要（2006—2020 年）》	将大型海洋工程技术与装备列为重点突破的八大制造业优先主题
2013 年	《国家重大科技基础设施建设中长期规划（2012—2030 年）》	现场探测与观测方面：建成海洋科学综合考察船，满足综合海洋环境观测、探测以及保真取样和现场分析需求；建设海底长期科学观测网，为国家海洋安全、深海能源与资源开发、环境监测和海洋灾害预警预报等研究提供支撑
2015 年	《中国制造 2025》	大力发展深海探测、资源开发利用、海上作业保障装备及其关键系统和专用设备，推动深海空间站、大型浮式结构物的开发和工程化。形成海洋工程装备综合试验、检测与鉴定能力，提高海洋开发利用水平
2017 年	《全国海洋经济发展"十三五"规划》	推动海洋工程装备测试基地、海上试验场建设，形成全球高端海洋工程装备主要供应基地。优化布局海洋船舶和海洋工程装备产业，建设广州、江门船舶配套基地，以广州、深圳、珠海为主的珠江三角洲地区三大海洋工程装备制造业集群

（续上表）

时间	政策文件	主要内容
2017 年	《海洋工程装备制造业持续健康发展行动计划（2017—2020 年）》	到 2020 年，我国海洋工程装备制造业国际竞争力和持续发展能力明显提升，产业体系进一步完善，专用化、系列化、信息化、智能化程度不断加强，产品结构迈向中高端，力争步入海洋工程装备制造先进国家行列
2017 年	《增强制造业核心竞争力三年行动计划（2018—2020 年）》	提出发展海洋资源开发先进装备；与此同时，海洋工程装备制造业创新中心以及海洋工程总装研发设计国家工程实验室等平台也在政府的引导下组建
2021 年	《中华人民共和国国民经济和社会发展第十四个五年规划和 2035 年远景目标纲要》	深入实施智能制造和绿色制造工程，发展服务型制造新模式，推动制造业高端化智能化绿色化。培育先进制造业集群，推动集成电路、航空航天、船舶与海洋工程装备、机器人、先进轨道交通装备、先进电力装备、工程机械、高端数控机床、医药及医疗设备等产业创新发展

资料来源：根据公开资料整理。

表 2 - 2 省市级层面政策

省市	发布时间	政策文件	重点内容
江苏	2021 年 8 月	《江苏省"十四五"海洋经济发展规划》	推进海洋装备自主化、智能化、集成化发展，打造南通世界级船舶海工基地。提升海工装备制造国际竞争力。加强南通、泰州、盐城、无锡、镇江等地海洋工程装备产业及科技创新力量整合，全面提升产业集群国际竞争力
	2022 年 3 月	《江苏省"十四五"船舶与海洋工程装备产业发展规划》	加快已取得技术突破的装备产业化步伐，实现产业化、系列化、批量化生产，巩固提升圆筒型系列平台、自升式平台、半潜平台等海洋工程装备研发、总装建造、项目管理、建造工法等方面的成果和系列通用技术基础。掌握主流半潜式平台、自升式平台、浮式生产储卸装置（FPSO）、海工辅助船舶等多项海工项目的详细设计和生产设计能力，掌握其中部分产品的基本设计能力

（续上表）

省市	发布时间	政策文件	重点内容
浙江	2021 年 4 月	《浙江省高端装备制造业"十四五"发展规划》	在海洋工程装备制造业方面，重点发展海洋矿产资源、天然气水合物等开采装备、波浪能/潮汐能等海洋可再生资源开发装备、海水淡化等新型海洋资源开发装备，突破关键核心技术，开发形成海洋工程装备系列产品
	2021 年 6 月	《浙江省海洋经济发展"十四五"规划》	聚力打造船舶与海洋工程科技服务、海洋通信、海洋大数据等一批主题产业园和科技企业孵化器。深入实施"双尖双领"计划，围绕海洋资源、防灾减灾、海洋新材料、海洋工程装备及高技术船舶等方向，在省重点研发计划中设置科研攻关项目，攻克一批关键技术
天津	2021 年 7 月	《天津市海洋经济发展"十四五"规划》	瞄准海洋领域重大需求，加强海洋科技创新的系统谋划，增强基础研究和原始创新能力，重点围绕海洋工程装备等行业进行研发攻关
福建	2021 年 11 月	《福建省"十四五"海洋强省建设专项规划》	攻关海洋科技关键核心技术，培育海洋信息、海洋能源、海洋药物与生物制品、海洋工程装备制造、邮轮游艇、海洋环保、海水淡化七大新兴产业，构建具有竞争力的现代海洋产业体系
辽宁	2022 年 2 月	《辽宁省"十四五"海洋经济发展规划》	推动高技术船舶及海洋工程装备向深远海、极地海域发展，实现主力装备结构升级，突破重点新型装备，提升设计能力和配套系统水平，形成覆盖科研开发、总装建造、设备供应、技术服务的完整产业体系，培育形成具有国际竞争力的船舶与海洋工程装备产业集群

（续上表）

省市	发布时间	政策文件	重点内容
上海	2021 年 6 月	《上海市战略性新兴产业和先导产业发展"十四五"规划》	推动主力船型和海工装备结构升级，加快推进浮式生产储卸油装置（FPSO）、起重铺管船、物探船、钻井平台等主力海洋工程装备，开发破冰船、大型浮式结构物、深海养殖等新型海洋装备，推动配套系统及设备的发展
	2021 年 12 月	《上海市高端装备产业发展"十四五"规划》	以自主研发、系统配套为重点，做强海洋油气资源开发装备，重点突破深水半潜式平台和钻井船、浮式生产储卸装置等；做大深远海洋资源利用装备，推进深水远海大型养殖装备和配套设备研制，开发深水养殖工船、远海网箱养殖装备等海工衍生产品等
山东	2021 年 11 月	《山东省"十四五"海洋经济发展规划》	重点发展现代海洋渔业、海工装备制造，建设国际海工装备制造名城、海工装备制造基地。积极探索三产融合型海洋牧场综合体发展新模式，推动海洋牧场与海工装备、海上风电、休闲旅游等产业融合发展
	2022 年 3 月	《山东省船舶与海洋工程装备产业发展"十四五"规划》	要重点发展海洋能源装备，提升深水半潜式钻井/生产平台、极地冰区平台、液化天然气浮式生产储卸装置（FLNG）、浮式生产储卸油装置（FPSO）、水下油气生产系统等成套装备的设计建造能力。大力发展海上风电装备、海洋可再生能源装备、海水淡化综合利用平台
海南	2021 年 6 月	《海南省海洋经济发展"十四五"规划（2021—2025 年)》	推进深海技术研发和深海工程装备制造，大力推动三亚崖州湾科技城建设，主攻深海探测、海工装备研发制造与检验检测、海水利用、海洋环境监测及预警等技术方向，加强相关装备与技术的自主研发、设计、制造及系统集成，提高深海科技产业的国际竞争力

（续上表）

省市	发布时间	政策文件	重点内容
广东	2021 年 8 月	《广东省制造业高质量发展"十四五"规划》	以服务国家战略需求为导向，加快建设珠江西岸先进装备制造产业带，重点发展高端数控机床、海洋工程装备等产业
	2021 年 12 月	《广东省海洋经济发展"十四五"规划》	推动汕尾（陆丰）海洋工程基地建设：打造海洋工程装备制造产业集群，增强高端海工装备研发、设计和建造能力，加快向中高端海工产品和项目总承包转型，加快形成产值超千亿元海洋工程装备制造产业集群
广西	2021 年 9 月	《广西海洋经济发展"十四五"规划》	发展壮大海上风电装备、海洋渔业装备、船舶修造业，优化升级海洋装备制造产业链，提升高端装备制造业的核心竞争力，发展船舶及海工装备修理、制造、改装及船舶配套等业务
河北	2022 年 1 月	《河北省海洋经济发展"十四五"规划》	发展港口物流服务，推动海洋化工、海水利用、海洋装备制造等产业发展，打造全国重要的海洋工程装备制造业基地

资料来源：根据公开资料整理。

2. 市场现状

在众多有利政策的支持下，2023 年中国海洋工程装备制造业营收达 872 亿元；预计 2024 年，中国海洋工程装备制造业营收将突破 950 亿元。主要增长得益于国内油气资源开发、海上风电安装船、深远海科学考察与试验等领域的旺盛需求，涌现出了众多突出的海洋工程装备案例，深海装备研制产业和新科技成果层出不穷。例如，"蛟龙"号、"深蓝一号"、"蓝鲸 1 号"等中国重大的海洋工程装置，以及广东自主研发的抗台风型漂浮式海洋风电机组成功并网发电，渤海浅水水下采油树系统通过了海试等，标志着中国在海上高端技术装备开发方面的能力逐步提升。

典型的海工装备船代表有：①国信一号。具有新设备和较高建造难度的全球第一艘深海封闭式养殖工船，由青岛北海造船组建，通过优化工艺工法，集中力量与智慧攻克了多个关键技术和施工难点，包括特殊分段建造、舱室特殊涂料施工、养殖设备调试和振动噪声控制等，在占据全球高端渔业养殖装备制高点中留下了"青岛印记"。②深海一号。作为全球首座十万吨级深水半潜式生产储油平台，由海洋石油工程股份有限公司自主建造，拥有 2.4 万个零部件，最大排水量11 万吨。深海一号的建造涉及多项世界顶尖创新和核心技术，推动中国在海洋石油勘探开发方面迈入"超深水时代"。

重要的海工装备企业代表有：①大船重工（大连造船厂），于 20 世纪 60 年代成立，已形成完整和成熟的产业链，包括海洋工程设备的上游原料支持、中游的设备制造以及下游的油气开发，为中国的海洋工程行业提供了强大的支持。②海洋石油工程（青岛）有限公司，作为中国海上石油船舶制造业中的领军公司，已建成并交付了多项关键性的技术装备，包括全球最大的亚马尔 LNG 核心工艺模块、海上油气工厂 P70、FPSO、"海洋石油 119"以及"深海一号"能源站等项目。③青岛武船重工有限公司，作为一家专业从事海洋工程装备、桥梁、钢结构等制造的企业，曾参与了举世瞩目的青岛海湾大桥、烟台打捞局工程船、龙口跨海大桥等重点项目的建设。④烟台中集来福士海洋工程有限公司，作为一家专业从事海洋工程装备设计、制造和维修的企业，曾建造了全球最大的自升式钻井平台"蓝鲸 1 号"和"蓝鲸 2 号"，以及 2024 年 6 月交付的"3060"系列 2200T 自升式风电安装船等著名海洋工程装备。⑤威海华东数控股份有限公司，作为一家专业从事大型数控切割机、龙门数控机床等高端装备研发、生产的企业，该公司曾为全球最大的船用曲轴制造企业、中国最大的海洋工程装备制造企业等提供大型数控切割机等成套设备。

3. 需求现状

2022 年中国海洋工程装备进口金额为 28.5 亿美元，出口金额为 53.2 亿美元。2023 年第一季度，中国海洋工程装备进口金额为 7.8 亿美元，出口金额为 14.6 亿美元。中国海洋工程装备进出口市场需求的变化主要受到以下几个方面的影响：

国际油价波动是影响中国海洋工程装备进出口成本的因素，也是影响海洋油气资源开发装备市场需求的重要因素。国际油价上涨时，海洋油气资源开发的利润空间增大，开发商的投资意愿增强，对海洋油气资源开发装备的需求增加；反之，当国际油价下跌时，海洋油气资源开发的利润空间缩小，开发商的投资意愿减弱，对海洋油气资源开发装备的需求减少。近年来，受新冠疫情、地缘政治、市场供需变化等多重因素的影响，国际油价呈现波动上升的态势。2022 年，国际油价大幅波动，从年初的 80 多美元/桶涨至 4 月的 120 多美元/桶，随后又逐步回落至年底的 80 多美元/桶。2023 年，国际原油价格继续下降，对中国海洋工程装备进出口市场需求产生了抑制作用。

中国海洋工程装备制造业在激烈竞争的国际市场并不占据绝对优势。国际市场竞争的激烈化是影响中国海洋工程装备制造业的重要因素之一，中国在海洋工程装备制造领域面临来自欧美、日韩等国家和地区的强劲竞争。这些国家和地区拥有较强的技术、品牌和市场优势，能够提供高端、高质、高效的海洋工程装备产品和服务，满足多样化的客户需求。相比之下，中国海洋工程装备制造业在技术水平、产品质量、服务能力等方面存在一定的差距和不足，难以与国际竞争对手抗衡。因此，中国海洋工程装备制造业在国际市场更多地处于被动应对和低价竞争的局面，出口金额逐渐减少。

海洋环境保护政策是激励海洋工程装备制造业发展的重要因素。各国政府为了促进海洋经济发展和保护海洋环境，相继出台了一系列政策措施。例如，欧盟提出了"蓝色增长"战略，旨在推动海洋可再生能源、海底矿产资源、蓝色生物技术等领域的发展；美国提出了"蓝色经济"计划，旨在加强海洋科学研究、海洋资源开发、海洋环境保护等方面的合作；日本提出了"海洋大国"战略，旨在提升海洋工程装备制造业的国际竞争力和影响力。这些政策措施对中国构建全球领先的海洋工程装备制造业集群，形成了显著的竞争关系。

（二） 国外海洋工程装备制造业发展现状

随着全球经济的发展和人类文明的进步，海洋工程已成为当今世界研究和发展的一个重要领域。海洋能源、渔业、石油天然气开采等工程需要广泛运用各种海洋工程装备。因此，世界海洋工程装备市场也随之壮大，成为各国企业开拓市场的重要机遇。

1. 战略意义

海洋工程装备制造业是海洋经济的重要组成部分，作为高新技术产业的重要领域之一，对各国的技术创新和产业升级都具有积极的推动作用，可以带动如船舶制造、海洋交通运输、海洋资源开发等相关产业的发展，加快形成产业生态系统，促进制造业产业内部的优化和升级，推动产业链上下游企业之间的协同和共赢，提高整个产业的竞争力和稳定性，吸引先进技术和人才，提高产业附加值和市场竞争力，推动产业的技术创新和转型升级，促进经济的持续健康发展，提高海洋大国在全球海洋工程领域的竞争力和影响力。

2. 市场现状

海洋工程装备行业市场规模逐年扩大，海洋工程市场正进入蓬勃发展期，越来越多的企业涌入市场。数据显示，2019 年北美地区海洋工程装备的市场份额增长了 2.1%。预计到 2025 年，全球海洋工程装备市场规模将达到 2 000 亿美元。一是海洋资源开发将成为各国战略性产业之一。随着各国对海洋经济的重视和海洋权益的维护，对海洋资源开发利用的投入和支持将不断加大。特别是在深水油气资源开发、海上风电建设、深远海科学考察等领域，海洋装备制造行业将迎来新的市场机遇和挑战。二是国际市场对海洋资源开发的需求增加。随着全球经济复苏和国际油价上涨，各国对海洋资源开发利用的需求也将增加，尤其是在非传统油气区域如非洲、拉美等地区。为了应对气候变化和实现碳达峰目标，各国也将加大对可再生能源的使用，其中海上风电作为一种清洁、高效、稳定的能源形式，将受到更多的关注和支持。此外，随着人类对深远海的科学认知和利用不断提升，深远海综合科学考察与试验也将成为国际合作的重要领域。三是海洋环保设备市场日益升温。随着全球环保热潮的兴起，海洋环保设备市场也开始发力。海洋环保设备是未来发展的重点领域，将会有大量的社会和人力物力投入，这意味着海洋环保设备市场具有巨大的潜力。

3. 供给趋势

海底开采技术的不断提升也促进了海洋工程装备行业的发展。在石油天然气开采领域，万吨级的海洋凿岩船和海洋平台已成为常态。德国 MAN 公司在 2019 年实现了高速发电打捞器的工业化生产，而挪威 Oceaneering AS 的新型远程作业设备更是大大提高了深水油气开采效率，这也为海洋工程装备行业的未来带来了一系列的可能性。一是海洋工程装备制造行业技术创新和研发投入的加强。为了适应市场需求的变化和满足客户的需求，海洋装备制造行业将不断加大技术创新和研发投入，突破关键技术和装备的瓶颈，提升海洋工程装备制造行业的技术水平和竞争力。在高端产品自主化、深水作业能力、智能化和绿色化等方面，海洋工程装备制造行业将取得重大的技术创新突破。二是国际海洋工程装备制造业的技术创新和研发投入。在国际市场上，随着人工智能、大数据、云计算等新技术的飞速发展，国际海洋工程装备制造业也将不断推出具有智能化和绿色化特征的海洋工程装备产品与服务，提高海洋工程装备的安全性、效率性、环保性等。国际海洋工程装备制造业也将加强对新兴领域如深海采矿、海上风电、蓝色生物技术等的技术创新和研发投入，拓展海洋工程装备的应用范围和市场空间。无人驾驶技术已经在多个领域得到应用，而在海洋工程领域，无人艇、无人潜航器等工程设备也在不断研发，将为海洋工程发展提供安全可靠、节省人力、提高工效等多方面的保障。

二、研究的目的和必要性

（一）　研究的目的

（1）推动海洋经济的发展。海洋工程装备制造为海洋资源的开发和利用提供了必要的技术支持，包括勘探、开发和环保设备，这有助于满足人类对海洋资源的需求，推动海洋经济的发展。海洋工程装备制造的研究也可以促进相关领域的技术创新和进步，提高海洋资源开发的效率和可持续性。

（2）保护海洋生态环境。通过研究海洋工程装备制造的过程，可以推动环保设备的研发和应用，提高海洋资源开发的可持续性，避免对海洋生态环境造成过度破坏。海洋工程装备制造的研究对于保护海洋生态环境具有重要意义，有助于实现海洋资源的可持续利用与保护。

（二）　研究的必要性

（1）更好地开发海洋资源。随着人类对海洋资源需求的不断增加，海洋工程装备制造业的研究和发展变得越来越重要。海洋工程装备制造是开发利用海洋资源的基础和关键，包括海洋石油、天然气、矿物资源的开发，以及海洋渔业、旅游业等相关产业的发展。

（2）更好地保障海洋生态环境。海洋工程装备制造业的研究和发展也有助于保护海洋生态环境。海洋环境污染和生态破坏对全球气候和生态系统产生严重影响，而海洋工程装备制造可以帮助研发环保设备和技术，减少海洋污染，保护海洋生态。

（3）更好地推动海洋经济发展。海洋工程装备制造业是现代海洋产业中不可缺少的部分，对经济发展具有重要作用。研究和开发更高效、更安全、更智能的海洋工程装备，可以促进海洋经济的发展，提高国家的经济实力和技术水平。

（4）更好地参与国际市场竞争。在全球海洋资源开发和利用的竞争中，海洋工程装备制造的研究和发展是一个国家国际竞争能力的重要体现。发展具有自主知识产权的海洋工程装备，可以提高国家的科技水平和国际竞争力。

第二节　现状分析

一、广深珠中江五市海洋工程装备制造业融合发展的优势与特色

（一）产业基础雄厚

广深珠中江五个城市的制造业基础较为雄厚，广州、深圳均是广东省的"万亿级工业大市"，不仅工业基础雄厚，工业底蕴更是深厚。珠海临近横琴粤澳深度合作区，目前建设国际化现代化经济特区，政策利好明显；中山更是传统工业强市，深中通道的通车，将会使中山得到珠江东岸尤其是深圳的辐射带动；江门有着全国最大的连片未开发沿海土地，发展重大工业项目的土地要素优势显著，且华侨华人经济文化合作示范区的落地，将使江门的后发优势十分明显。这些都使得广深珠中江五个城市发展海洋工程装备领域有了足够的产业基础，在这些产业基础上，已经形成了一定规模的产业集群和产业链，有利于企业间的协同发展。这种雄厚的产业基础为海洋工程装备制造业的发展提供了良好的环境和条件。

（二）科创资源较丰富

广深珠中江五个城市的高等教育资源和科研机构相对丰富，例如华南理工大学、南方科技大学、广东工业大学等，这些高校拥有大量的科研人才和技术创新能力，能够为海洋工程装备制造业的发展提供强大的技术支持。尤其是广州、深

圳两个城市拥有大量的科研机构，这种强大的技术创新能力为海洋工程装备制造业的升级提供了重要的动力和保障。

（三）　市场需求广阔

随着中国海洋经济的快速发展，对海洋工程装备的需求正日益增长。这一发展趋势不仅受益于沿海城市对海洋资源的充分利用，还得益于海洋经济的快速发展。这些城市靠近海洋，具有发展海洋经济的优势，因此具有较大的市场需求。海洋工程装备的需求主要来自海洋资源的开发、海洋能源的利用、海洋环境保护等多个领域。随着海洋经济的不断蓬勃发展，这些领域对于海洋工程装备的需求将持续增长。因此，海洋工程装备在这些城市具有巨大的发展潜力和市场，预计未来将继续保持增长势头。海洋工程装备行业的发展将不仅为当地经济发展带来新的增长点，也将为全国海洋经济的发展作出积极贡献。

（四）　政策支持力度大

国家和地方政府大力扶持发展海洋工程装备制造业，地级市政府也相应地颁布了一些扶持政策，以促进该产业的发展。从省级政策层面来看，海洋工程装备制造在广东省的高端制造业规划布局中占据一席之地，规划将广州、深圳、中山、珠海等地作为促进发展海洋工程装备制造业的城市。从广深珠中江五个城市的地级市政策来看，这些城市都有相应的政策规划来发展海洋工程装备制造业。

（五）　各市比较优势明显

广州在制造业基础方面表现出色，拥有完善的制造业体系和产业链，尤其在海洋工程装备领域，已经形成了一定的产业集群，涵盖了船舶制造、海洋平台建造、海洋工程机械制造等多个领域，为海洋工程装备制造业的发展提供了坚实的基础。广州在技术创新能力方面也表现突出，众多高等教育机构和科研院所为海洋工程装备制造业提供了充足的科研人才和技术支持，通过开展海洋工程装备领域的科研项目和技术攻关，推动了该行业的技术创新和发展。广州出台了一系列政策来促进海洋工程装备制造业的发展，包括财政扶持、税收优惠、产业园区建设等多方面的政策支持，为海洋工程装备制造业的提升提供了有力保障。

在深圳规划发展的七大战略性新兴产业中，海洋工程装备制造业被视为高端装备制造产业的重要组成部分。深圳培育出了一批高质量的海洋装备制造业企业，其中包括中集集团、招商重工等多家海工装备龙头企业。深圳在孖洲岛形成了以海洋工程装备及船舶修造基地为主体的产业集聚区，汇聚了一大批专业技术人才和高端装备制造企业，形成了完整的产业链和配套服务体系。深圳的海洋工程装备设计企业，如惠尔海洋工程有限公司等，也在不断推动着整个产业的创新和发展。深圳的海洋工程装备制造业优势主要体现在技术创新、产品质量和市场影响力等方面，通过不断引进国际先进的生产技术和管理模式，提高产品的技术含量和附加值，积极参与国际市场竞争，提升深圳海洋工程装备制造业在国际市场上的影响力。

珠海一直致力于打造现代化装备制造业，特别是海洋工程装备制造业，拥有得天独厚的优势和巨大的发展潜力。金湾区与珠江西岸先进装备制造产业带的深度对接，为珠海的海洋工程装备制造业提供了宝贵的合作机会，通过双方的紧密合作，可以共同开发和生产更加先进的海洋工程装备，从而提高整个产业的水平和竞争力。与珠江西岸城市的合作也将进一步加强珠海在智能制造、海洋工程等领域的领先地位，推动产业链的完善和升级。斗门区加快建设高山工业园，打造全市实体经济发展的重大平台，为珠海的装备制造业提供了更加广阔的发展空间。高新区则致力于打造珠海产业园转型升级示范区、粤港澳大湾区新兴智慧产业集聚区和具有国际影响力的智慧生态产城融合创新区，为珠海的装备制造业提供更加有利的政策和环境。

中山作为珠江西岸先进装备制造业产业带的重要组成部分，正在加快推动智能制造装备产业的发展。火炬开发区和翠亨新区作为中山市的重点区域，正在积极承接广州、深圳高端装备制造产业转移，为中山市的装备制造业发展注入了新的活力。在船舶制造与海洋工程、节能设备与新能源、成套装备制造等领域，中山市已经聚集了中船、中机、中铁、国电等十余家重要企业。中山拥有丰富的人力资源和技术人才，为装备制造业的发展提供了强大的人才支持。中山市政府也出台了一系列的扶持政策，鼓励企业加大研发投入，吸引更多的高端装备制造企业落户中山，推动装备制造业向高端化发展，打造成为珠江西岸最具竞争力的装备制造产业基地之一。

江门在产业链发展路径、重点布局区域及规划中，重点培育天然气水合物勘探开采专用设备等海洋工程装备产业，具有独特的优势。蓬江区、新会区和鹤山市等地依托区位优势，主要承接深圳、广州等大湾区先进地市的产业外溢，大力发展精密激光智能装备的研发、生产，吸引了大量的科研机构和高新技术企业入驻。新会区和台山市则主要依托深水港口，引入大型天然气企业综合利用产业基地项目，形成 LNG 综合利用产业链。这些项目的引入不仅为当地带来了新的经济增长点，同时也为整个江门市的产业升级带来了新的机遇。此外，江门市还在能源开发方面进行探索，积极构建滨海能源产业体系。除了传统的天然气开发利用之外，还在积极探索氢燃料、潮汐能、潮流能等新能源的开发利用，为江门市的绿色发展注入了新的动力。

二、广深珠中江五市的海洋工程装备制造业案例

（一）广州市案例

1. 政府规划案例

广州市南沙区旨在成为世界海洋创新发展之都的支撑引领区、全国海洋新兴产业集聚区和海洋产业高端发展核心区。其举措包括强化海洋生物领域的产业优势，吸引上下游企业进驻，延伸产业链、价值链，以实现海洋生物产业的集聚发展。此外，提高海洋工程装备和高技术船舶、海洋勘探等高端装备的自主研制能力，打造面向全球的现代化海洋工程装备和高技术船舶制造基地，构建具有规模和核心竞争力、发展前景广阔的船舶与海洋工程装备产业集群。南沙区还积极发展海洋观测、深海勘测、大洋钻探、水下机器人等海洋电子信息产业。在构建陆海统筹发展格局的规划中，以海洋工程装备与航运物流为主的产业集聚区是其中之一。南沙区打算打造以南沙龙穴造船基地、大岗海工装备制造区、东涌海洋生物育种与仪器设备制造区为载体，涵盖海洋船舶及高端装备制造、船舶工业配套、深海资源勘探专用装备、海洋测绘和监测/观测仪器设备制造等领域的千万吨级船舶与海洋工程装备生产基地。同时，南沙区通过全面提升高端船舶与海洋工程装备研发、设计、建造能力，强化高端船舶设计建造技术以及攻关重点配套设备集成化、智能化、模块化设计制造核心技术。

2. 企业案例

广州是中国船舶工业的重要基地，拥有多家知名造船企业。其中，广州中船

黄埔文冲船舶有限公司作为中国船舶集团有限公司的核心骨干企业,专注于国防科技方面的海洋工程装备的研发和生产。广州中船龙穴造船有限公司是广州市首批造船企业之一,专注于各类船舶、海洋工程结构物、海洋石油开采设备和相关服务。广船国际有限公司和广州中船文冲船坞有限公司和分别成立于1954年和2005年,涉足船舶修理、改造、维护、保养、海洋工程结构物的制造和维修、海洋石油开采设备相关服务等领域。这些企业在广州船舶工业中扮演着重要的角色,共同推动着中国船舶工业的发展,并为国防和海洋工程领域提供着重要的支持和保障。随着中国船舶工业的不断壮大,这些企业必将在未来发挥更加重要的作用。

(二) 深圳市案例

1. 政府规划案例

深圳市政府在《深圳市海洋发展规划(2023—2035年)》中提出,打造海洋新兴产业集聚发展区。前海深港现代服务业合作区北部将发展海洋智能设备及部件制造、海洋设备及装备检测、海洋工程装备、海洋新能源、远洋渔业、海洋生态环保、新材料等产业集群,推动海洋新兴产业跨越发展。在海洋新城中建立海洋新兴产业基地,在大铲湾中建立新兴产业与港城融合发展区,重点发展海洋智能装备、高端装备检测等海洋工程装备制造业产业。

2. 企业案例

(1) 深圳赤湾胜宝旺工程有限公司。

深圳赤湾胜宝旺工程有限公司是海洋工程高端装备制造的佼佼者。它是深圳唯一的导管架生产建造企业,近五年市场份额全国第一,中国南海油田超过七成的导管架由其建造。该公司生产的海底沉箱、中水架、立管基座、吸力锚、锚桩等海底设施,已成功安装在澳大利亚的波拿巴盆地和北卡那封盆地、墨西哥湾、美国水域、东南亚和我国渤海湾等地区。2023年4月,深圳赤湾胜宝旺工程有限公司在其建造场地完成陆丰油田群二期开发项目陆丰8-1DPP导管架主结构合龙。这一设计高度达146米、总重约13 300吨的"庞然大物",预期将在2024年6月装船出货,推动我国海上油田开发建设。

(2) 中海油深圳海洋工程技术服务有限公司。

中海油深圳海洋工程技术服务有限公司是中国海洋石油集团有限公司(简称"中海油")在深圳的分公司。中海油近10年共有24座国内海上油气生产设施在深圳建造完成，促进了深圳海洋工程技术、海洋装备制造业的发展和升级。中海油深圳分公司2020—2022年工程建设总投资近200亿元，未来将新建项目10个，建成油气田16个。公司聚焦深水油气工程的关键核心技术、智能化数字化技术以及碳捕集利用与封存（CCUS）产业链技术等方向，与包括深圳市海洋工程企业在内的国内优势企业合作，努力成为海洋装备建造原创技术"策源地"和产业链"链长"。

（三）珠海市案例

1．政府规划案例

珠海高栏港经济区已编制《海洋工程装备制造产业发展规划》，旨在打造华南地区顶尖的海洋工程装备制造基地。高栏港区管理委员会与海洋石油工程股份有限公司（中海油下属全资子公司）举行了深化战略合作备忘录签约仪式，旨在积极拓展海洋工程装备制造产业新方向，推动海洋工程装备制造产业做强做优做大，共同打造全球高端深水海洋工程装备制造产业基地。此项合作协议的签署，将对珠海打造"粤港澳大湾区重要门户枢纽、珠江口西岸核心城市和沿海经济带高质量发展典范"起到巨大的助推作用。

2．企业案例

（1）中国海油深水海洋工程装备制造基地项目。

中国海洋石油工程公司计划投资50亿元，在高栏港经济区建设深水海洋工程装备制造基地，开发南海丰富的油气资源。该基地总占地面积约为295万平方米，主要生产包括FPSO、钢质导管架平台和深水浮式平台等在内的海上油气设施。这将极大地提升中国在海洋工程装备制造领域的实力，为我国的能源安全和经济发展注入新的动力。

（2）三一重工港口机械基地项目。

三一重工股份有限公司（三一集团子公司）在高栏港经济区建设港口机械、海洋工程装备及工程船舶制造产业园，以扩大企业生产规模并进军高端工程装备制造行业。该项目占地面积为400公顷，建设周期为6~8年。该项目的建设将进一步提升高栏港经济区的产业集聚效应，同时也将为三一集团在高端装备制造领域的快速发展提供有力支撑。该项目建成后预计将生产各类高端工程装备，包括港口机械、海洋工程装备和工程船舶，以满足国内外市场的需求。项目的实施将为三一集团的长远发展注入新的动力，并为中国高端装备制造业的发展作出贡献。

（3）南海天然气陆上终端项目。

中国海洋石油集团有限公司和加拿大赫斯基能源公司在珠海东南海域发现了一个大型油气田，其中一个位于水深1.5千米的地方，储量高达1.5千亿立方米。珠海市与中海油共同签署了深水天然气终端项目协议。

（四）中山市案例

1. 政府规划案例

中山市的海洋经济总量虽然较小，但其海洋工程装备业和船舶制造业发展较为良好，并已形成了一定规模的产业聚集区，其中神湾磨刀门水道沿岸已集聚了江龙船艇等7家船艇制造企业。《广东省海洋经济发展"十四五"规划》明确提出，支持在中山等地建立智能海洋工程装备研发中心和海工装备测试中心。《中山市高端装备制造产业发展行动计划（2018—2022年）》指出，高端装备制造业是中山市重要的主导产业，包括海洋工程装备、高端船舶制造等高端装备制造业。

2. 企业案例

（1）江龙船艇科技股份有限公司。

中山市神湾镇人民政府与江龙船艇科技股份有限公司（简称"江龙船艇"）签订了《海洋先进船艇智能制造项目投资合作协议书》，在神湾镇竹排工业区建造千吨级船艇的智能制造车间及配套码头，共同推动发展高端海洋工程装备制造业。在2022年，江龙船艇新建的千吨级海洋先进船艇智能制造项目进展顺利，陆地部分的施工已经全部完成，可以投入使用，水下部分的施工也按计划推进。

（2）明阳智慧能源集团股份公司。

明阳智慧能源集团股份公司（简称"明阳集团"），一直致力于推动新能源技术的发展，为广东省打造大型海上风电发电机组研发中心、生产基地以及海上风电相配套的风机叶片生产基地提供服务和带动规划，推进构建全球领先的海上风电产业集群。至成立30周年（2023年6月），该集团全球累计装机超过48GW，投运项目遍布全球近800个风力发电场，产生的环境效益相当于每年减少1.2亿吨二氧化碳排放，相当于每年再造森林78万公顷。2023年，明阳集团获评为广东省海洋强省建设表现突出单位。而在 2022 年广东省战略性产业集群重点产业链"链主"企业名单（第一批）中，明阳集团入选高端装备领域"海工装备产业链"链主企业和新能源领域"海上风电装备制造产业链"链主企业，成为中山唯一拥有两个"链主"企业的单位。

（五） 江门市案例

1. 政府规划案例

《江门市先进制造业发展"十四五"规划》中对海洋工程装备制造业的规划，以新会区为重点发展区域。依托银洲湖等重点园区平台，计划培育壮大中交四航局江门航通船业有限公司等骨干企业，并积极填补甲板机械、舱室设备、压载水系统、船用管系、锚泊系统等关键部件缺失领域。着力引进海上平台多用途工作船、海洋调查船、平台供应船等海洋工程作业船及辅助船项目。以新会区和台山市为重点发展区域，规划主动融入珠三角的海洋工程装备产业发展体系，结合江门市广海湾经济开发区发展规划，力争在无人船艇、深海渔业装备、深海油气钻采装备方面取得突破，并支持在无人船用高性能复合材料、远程和复杂多样化任务与信息融合等关键技术方面实现突破。另外，《江门市海洋经济发展"十四五"规划（征求意见稿）》提出，要推进船舶工业与海工装备产业融合发展，培育发展海工辅助船、海上浮体、海上风电、海水养殖、交通装备等海工配套产品制造业。推动"珠中江阳"合作，推进珠江口西岸都市圈建设，共同打造珠江西岸先进装备制造产业带。

2. 企业案例

江门市最大的海洋工程装备企业——江门市南洋船舶工程有限公司（简称"南洋船舶"）位于新会区银洲湖区域中。南洋船舶坚持继承"专业造精品"的造船理念，专注于十万载重吨以下的散货船的研制。经过多年的努力，该公司的散货船研制技术已跃升至世界领先水平，成为全球建造小灵便型散货船的领导者之一。公司研发的新型 39 000 载重吨绿色环保灵便型散货船荣获英国劳氏船级社授予的"EP"绿色标志证书，也是南洋船舶的主推产品。自 21 世纪初成立以来，南洋船舶已累计交付大型船只 83 艘，客户遍布全球各地，并一度进入中国手持订单量排名前三十船厂列表，是华南地区发展潜力最大的船企之一。

三、广深珠中江五市发展海洋工程装备制造业的条件与意义

（一）广深珠中江发展海洋工程装备制造业的条件

1. 区位优势

广深珠中江五个城市地处经济繁荣的珠江三角洲，具有便捷的交通运输网络、得天独厚的地理条件，制造业的产业基础和科技创新实力较强，有利于海洋工程装备的运输和生产，使得这些城市有条件成为发展海洋工程装备制造业的理想区域。

2. 交通优势

一是从港口方面来看，这五个城市拥有众多港口资源，这些港口的疏运网络不仅与广东省内的公路和内河航道相连，还与国内其他地区的交通网络紧密相连，进一步拓展了港口的物流运输范围和服务范围。首先，广州港位于珠江三角洲的中心地带，承担着连接珠江三角洲各主要水系的重要角色，为区域内以及区域间的物流运输提供了便捷的条件。其次，江门港是西江干流广东段的重要港口之一。再次，中山港地处珠江三角洲中心偏南，毗邻深圳和香港。然后，珠海港是全国沿海主枢纽港口之一，高栏港是珠三角西岸唯一的深水港。最后，深圳拥有盐田港、蛇口港、赤湾港等港口，具备完善的疏运网络，与腹地庞大的高速公路网络以及密集的内河航道紧密相连，为港口的货物运输提供了便捷和高效的通道，也为腹地的物流运输提供了强大的支持。

二是从公路方面来看，广州市是广东省的交通枢纽，且有中阳高速、广深高速、广珠西线高速、京珠高速、高栏港高速、西部沿海高速、江珠高速等高速路，形成成熟的交通集疏网络。港珠澳大桥的建成使得珠江口东西两岸之间的联系变得更为便捷，同时也使得城市的对外集疏系统更加发达。

三是从铁路和轨道交通来看，广深珠中江五个城市全面融入"轨道上的大湾区"建设，南沙港铁路建成并即将完成客运化改造，全面接入国家高铁网，基本建成深圳至江门铁路、珠肇高铁江门至珠三角枢纽机场段，加快建设珠肇高铁江门至珠海段，构建深南高铁通道及衔接贵广、南广铁路通道。广珠铁路的终点位于港区内，与京广、贵广等重要的铁路运输线相连，为港口装备制造业的发展提

供了便捷的运输服务。

3. 发展空间优势

广深珠中江五个城市的海洋发展面积广阔。其中，珠海管辖海洋面积近6 000平方千米，拥有146个岛屿，海岸线总长690公里；江门海域面积4 887.21平方千米，包括新会区、台山市和恩平市等区域，具备发展海洋工程装备制造业的先天优势条件。

4. 配套产业优势

广州有着三大支柱产业之一的石化产业，且规划打造6个千亿级的先进制造业产业集群之一的现代高端装备集群。江门工业实力较强，先进制造业增速快、船舶与海洋工程装备产业链为重点产业。珠海有以石化、电力、能源、钢铁、装备制造为主导的重化产业格局。

（二）广深珠中江发展海洋工程装备制造业的意义

广深珠中江发展海洋工程装备制造业对各方都有不同程度的影响，大致可概括为拉动投资、储备能源、控制资源和形成集群四个方面。

1. 有利于推动固定资产投资

龙头项目的引入将使更多的资金、技术和人力资源投入制造业中，直接带来工业投资的大幅增加，促进制造业的发展和壮大，使得制造业在产业链中的地位更加重要，进一步推动产业链的完善和发展。在广深珠中江五个城市的海洋工程装备制造业投资项目中，几乎都涉及"百亿"级别的项目，这些投资将直接和间接地转化为巨大的经济增长总量。

2. 有利于扩大战略能源储备

中国的工业和制造业正处于迅速增长的时期，需要大量的能源支持。然而，中国能源对外依赖程度较高，再加上"俄乌冲突"使得世界能源交易环境恶化，因此开发和利用我国海洋资源和能源成为解决资源紧缺问题的重要途径。广深珠中江地区发展海洋工程装备制造业有利于中国更好地开发和利用南海的海洋资源和能源，同时扩展中国的战略能源储备。

3. 有利于在开发海洋资源中占领制高点

海洋资源是各个国家战略竞争和争夺的焦点，海洋工程装备在一定程度上不仅关系到海洋资源的开发，还关系到国家间政治和海洋资源的争夺。例如，南海中南部拥有丰富的油气资源，其地质资源量占南海中南部油气资源总量的53%，可开采资源量占66%；同时还蕴藏着比陆地丰富得多的矿产资源，如锰结核、镁、锡、铜、镍、锰、重水等。南海的资源离中国大陆较近，运输成本和风险较低，但南海存在着不少资源和领土归属争端的问题。

4. 有利于打造发达的海洋工程装备制造业集群

广深珠中江五市形成了一个发展海洋工程装备制造业的城市群，区域经济增长与城市群和产业集群水平密切相关。该城市群充分体现了要素集聚的特点，行业领军企业和关键项目在产业集群的不同阶段发挥主导作用，处于产业链的核心位置，起着引领和促进上下游产业发展和协作的关键角色。这些具有领先地位的企业和项目严格遵循市场经济规律，在城市间相互合作，走"主导产业与项目—产业链—产业基地—产业集群"的发展之路，有利于发展以该城市群为依托的产业集群。

四、广深珠中江推动海洋工程装备制造业融合发展存在的问题

（一）产业结构不优

广深珠中江五市的海洋工程装备制造业是该地区的重要支柱产业之一，然而，产业结构不够优化的问题依然存在。具体表现为中低端产品占比较大，高端产品相对较少，技术含量和附加值有待进一步提高。产业结构不够优化的问题导致整个产业链条上的企业竞争力不足，影响了行业的长期发展。具体包括：企业在产品研发和生产上的投入不足，导致产品技术含量不高、品质不稳定；企业与高校、科研院所的合作程度不深；政府扶持力度不够，企业对员工的技术培训和教育投入不足。

（二）研发投入不足

海洋工程装备制造业作为一个高技术含量的行业，对于研发投入的需求非常大。尽管广深珠中江五市的技术创新能力较强，但是在海洋工程装备制造业中，研发投入一直不足。这导致了研发成果转化率不高，难以满足市场需求。研发投入不足导致了技术创新的滞后，企业无法进行有效的技术改进和产品升级，只能

依靠已有的技术和设备进行生产。

（三）　产业人才短缺

广深珠中江五市虽然拥有较多的高等教育资源和科研机构，但是海洋工程装备制造业仍存在人才短缺的问题，尤其是高端人才和技能人才的培养与引进需要进一步加强。

（四）　环境污染问题

海洋工程装备制造业的快速发展，不可避免地伴随着环境污染问题的加剧，例如废水、废气、固体废弃物的排放。这些污染物对自然生态环境和居民健康造成了严重影响，需要政府加强环保措施，推动产业可持续发展。

（五）　市场竞争恶劣

混乱的市场环境和亟待健全的行业标准体系背景下，一些企业可能会进行价格竞争，以追求利润最大化，进而导致市场出现恶性竞争，对整个行业的发展造成负面影响。

五、广深珠中江推动海洋工程装备制造业融合发展面临的挑战

（一）　国际竞争压力

随着全球化的不断推进，国际市场的大门已经敞开，国内外企业之间的竞争愈发激烈，在这样的背景下，广深珠中江五市需要采取积极的措施来加强国际合作，以提高其产品在市场上的竞争力以及品牌的国际影响力。通过与国际企业合作，这些城市可以引进先进的技术和管理经验，提高自身的生产效率和产品质量。同时，加强品牌推广和市场营销，提高品牌的知名度和美誉度，进而增强市场竞争力。只有通过不断的努力和探索，广深珠中江五市发展海洋工程装备制造业才能在全球化的浪潮中立于不败之地。

（二）　法律法规约束

海洋工程装备制造业作为一个复杂的产业，不仅涉及环保、安全等重要领域，

同时也受到国家和地方各级法律法规的严格约束。这些法律法规的制定和实施旨在确保行业的健康可持续发展，保障公众利益以及确保企业的合规运营。因此，广深珠中江五市在发展海洋工程装备制造业的过程中，必须严格遵守相关法律法规，加强行业监管，确保企业在环保、安全等方面的合规性。同时，政府和行业协会也应加强对企业的指导和监督，推动企业增强自身的合规意识和风险防范能力，确保行业的健康发展。

（三） 市场需求变化

随着海洋经济的迅猛发展，市场需求也日新月异，广深珠中江五市的海洋工程装备企业必须时刻保持敏锐的市场触觉，紧密关注市场动态，以便及时捕捉和适应新的市场需求。这不仅要求这些企业关注现有市场的变化，还要预见未来可能会出现的市场趋势，才能确保自己的产品和服务始终与市场需求相匹配，从而在激烈的竞争中保持领先地位。为此，企业需要建立一套完善的市场研究体系，通过收集和分析数据，了解下游市场的需求和偏好以及行业的发展趋势。此外，还需要不断地进行产品创新和服务升级，以应对市场的挑战和机遇。

（四） 技术更新换代

海洋工程装备制造业作为技术密集型产业的代表，其技术更新换代的速度非常快，随着科技的不断发展，新的技术和产品不断涌现。广深珠中江五市的海洋工程装备企业必须紧跟技术发展的步伐，不断加强技术创新和升级，只有这样，企业才能确保自己的产品始终具有竞争优势，满足市场需求。为了实现这一目标，五市需要加大科技研发投入，引进和培养高素质的技术人才，加强与科研机构高效合作，推动产学研一体化发展。同时，还需要建立完善的技术创新体系，鼓励企业自主创新，推动产业向高端化、智能化、绿色化方向发展。

（五） 资源整合度不够

广深珠中江五市的海洋工程装备制造业虽然充满活力和潜力，但企业规模普遍较小，资源整合力度不足，导致企业间难以形成有效的协同效应，限制了整个产业的集中度和竞争力的提高。五市需要积极引导和促进企业间的合作与资源整合，通过建立行业协会、企业联盟等方式，加强企业间的沟通和协作，实现资源共享、优势互补。通过这样的合作，企业可以共同应对市场挑战，降低成本，提高生产效率，进一步增强整个产业的竞争力。同时，政府也应发挥其引导和调控作用，制定相关政策，鼓励企业间的兼并重组，推动产业集聚和升级。政府还应通过优化产业结构，提高产业集中度，引导企业形成一个强大而富有竞争力的海洋工程装备制造业集群，为未来的海洋经济发展奠定坚实基础。

第三节　案例分析

海洋工程装备制造业的融合发展是指通过不同领域、不同产业、不同企业之间的相互渗透、相互融合、相互整合，实现资源共享、优势互补、协同发展的一种新型产业发展模式。

一、产业间融合的案例：中国东海大桥海上风电项目

2005 年 8 月，中国首个利用世界银行贷款的风电项目——上海崇明、南汇风力发电场成功并网发电，总装机容量达到 2.1 万千瓦。该项目共配置了 14 台单机容量为 1 500 千瓦的风力发电机，其中 3 台安装在崇明东滩东旺沙区域，而 11 台安装在南汇滨海森林公园区域。另外，还有 10 台 1 500 千瓦的风力发电机在 2008 年 9 月完成了全部的投入运行。

东海大桥海上风电场是中国第一个大型海上风电场，也是国家发展和改革委员会确定的海上风电示范项目之一，由 34 台国产 3 000 千瓦风电机组组成，总装机容量为 10.2 万千瓦，年发电量为 2.67 亿千瓦时。东海大桥海上风电场在中国风电场建设史上创下了多个"第一"。首先，这是中国第一次采用自主研发的 3 兆瓦离岸型机组，标志着中国大功率风电机组装备制造业已经达到世界先进水平。其次，该风电场是第一个采用海上风机整体吊装工艺的项目，通过这种创新方法，成功地大幅缩短了海上施工所需的时间，创下在工装船上组装 10 台海上风电机组并在一个月内完成海上吊装的纪录。这一成就在全球尚属首次，标志着中国在解决高压风力发电机技术问题上的重大突破。具体来说，中国首次采用了高桩承台基础设计，这一创新设计有效解决了高耸风机如何承载、抗拔以及水平移位等复杂技术问题。这一方法的应用，不仅极大地提高了风机的稳定性和耐用性，同时

也降低了风机出现故障的风险，为全球海洋能源的开发利用开辟了新的道路。中国东海大桥海上风电项目是一个风力发电项目，通过建设风电设备和输电线路，将风能转化为电能。这个项目涉及海洋工程、风电设备制造、电力等多个领域，通过融合发展，实现了资源共享和协同发展。

二、不同领域间融合的案例：广为海洋的海洋牧场智能监测平台

广为海洋的海洋牧场智能监测平台（海底观测网系统）是基于海底有缆在线观测系统自主研发的一款新型的用于海洋牧场生态环境原位、连续、在线观测的解决方案，该系统创造性地利用海底电缆实现水下观测设备长距离、高带宽信息传输和供电，并引入电力载波通信技术实现观测仪器的分布式控制，增加了系统的可靠性、稳定性。该系统观测部分位于海底，不受表面风浪及附近海域过往船只的影响，能够在较大风浪的恶劣环境下保持长期稳定工作，实现海洋环境温度、盐度、酸碱度、溶解氧、叶绿素、浊度、深度、湿度、大气压、风速、风向、降雨量、流速、流向等要素，水下声学信号，以及水下高清视频的长期连续在线观测。项目的实施和发展不仅提高了中国对海洋环境的认识和掌握能力，也为海洋工程装备制造业提供了重要的数据支持和技术保障。另外，这个项目作为综合性的海洋观测项目，涉及气象、水文、环保、资源等多个领域，通过布设大量的海洋观测仪器，对海洋环境进行实时观测和探测，可以实现数据共享和协同决策。广为海洋通过与相关领域进行融合发展，实现资源共享和协同发展，进一步推动中国海洋工程装备制造业的发展和壮大。

三、不同企业间合作的案例：船海数据智能应用联合创新实验室

2022 年 2 月，深海技术科学太湖实验室（简称"太湖实验室"）与华为技术有限公司（简称"华为"）联合打造的"船海数据智能应用联合创新实验室"揭牌仪式在太湖实验室举行。双方共同建立的实验室将推动 IT 和 AI 技术与船舶技术的交叉融合，创新船舶智能发展模式，有助于加快船舶行业的数字化、网络化和智能化进程，提高船舶的安全性、可靠性和经济环保性能。

在 2023 年海创会金融服务馆，中国银行福建省分行作为金融机构代表，携手

福建平潭大唐海上风电有限责任公司签署战略合作协议，签约金额达 100 亿元，将为平潭长江澳海上风电场工程项目提供全方位的金融服务。海上风电的开发与发展，将带动包含海洋工程装备制造业在内的众多海洋产业共同发展。

四、国与国之间合作的案例："希望 6 号"浮式生产平台

"希望 6 号"是由中国远洋海运集团所属的中远海运重工有限公司旗下的南通中远船务为英国 DANA 石油公司设计并建造的圆筒型 FPSO 平台。该平台于 2017 年 2 月 9 日完工并启航。作为首个在国内建造的多点系泊式圆筒型海上油气生产、储存和外输平台，它集成了油气生产、储存和向外输送的功能，相当于一个中型油气处理厂，是我国 FPSO 海洋工程装备首次实现交付即能使用的"交钥匙工程"，获 2019 年度江苏省科学技术奖一等奖。"希望 6 号"自 2013 年开始建造，经过四年的精心打造，从设计到采办，从建造到调试，都是由中远船务自主完成的，这在国内是首次。该平台底座直径为 87.5 米，主甲板高度为 36.5 米，火炬塔高度为 118 米，吃水深度为 6.7 米，总重量为 31 740.87 吨，总液气处理能力为 50 000 瓶/天，最大原油处理能力为 44 000 瓶/天，最高石油总存贮量为 400 000 瓶，同时具备了 40 亿标准立方英尺的气处理能力，符合英国卫生安全局标准和挪威石油工业技术法规的国际最高标准要求，能持续为海军服役二十多年。在关键技术设计、模块建设和平台调试等方面，率先实现了国内外 FPSO 项目的总体完成，以多项创新技术弥补了国内外海洋工程空缺，并达到了全球领先水平，标志着中国海工装备制造业由传统海洋工程中端产品建设向高端产品建设里程碑式的重要飞跃。

第四节　对策建议

一、加强自主研发能力，突破关键技术和装备

一是加强海洋装备制造行业自主研发能力。加大海洋装备制造行业技术创新和研发投入，突破高端产品自主化、深水作业能力、智能化和绿色化等方面的关键技术和装备，提升海洋工程装备制造行业的技术水平和竞争力；同时加强知识

产权保护和运用，提高自主品牌的影响力和价值。二是提升深水作业能力，拓展深远海领域。加快深水技术与装备创新，提升深水作业能力和水平，拓展深远海领域的市场空间和发展潜力。加强深远海综合科学考察与试验，提升深远海科技创新能力和水平，实现深远海资源开发利用的自主可控。

二、加快提升科创水平，携手推动可持续发展

一是加快推进智能化和绿色化转型升级。利用人工智能、大数据和云计算等新技术，提高海洋工程装备的安全性、效率性和环保性。加强对环境影响评价和监测，采取有效措施，减少对海洋生态环境的破坏和污染，以实现可持续发展。二是携手推动可持续发展。海洋工程装备制造业需要加强环保措施和节能减排工作，以减少对环境的影响。积极推广绿色制造技术和清洁生产方式，以提高资源利用效率和生产环保性，从而推动海洋工程装备制造业的可持续发展。

三、加强市场要素引导，构建现代化产业结构

一是加强政策支持和财政投入。广东省和五市（广深珠中江）政府可以加大对海洋工程装备制造业的政策支持和财政投入，出台更具体的政策措施，如税收优惠、财政补贴、贷款优惠等，以支持企业加大技术研发和创新投入，推动行业快速发展。二是加强人才培养，吸引海外人才。提高海洋工程装备制造业的人才素质和水平，建立健全人才培育机制，加强技能培训和技术人才培养。加大高端人才引进力度，制定优惠政策，吸引国内外优秀人才来广深珠中江五市发展。三是优化产业结构，规范市场秩序。加强产业规划和政策引导，鼓励企业增加技术研发的支出和创新投入，提高产品科技含量和附加值。加强行业监管，规范市场竞争秩序，防止低水平重复建设和市场恶性竞争。

四、加强对外交流合作，促进要素资源的整合

一是鼓励五市内的海洋工程装备制造企业加强合作。推动企业间的兼并重组和资源整合，以提高产业集中度和竞争力。同时，加强与国内外同行业企业的沟

通与协作，共同开发新技术、创造新产品，以提升整个行业的水平。二是加强国际合作与交流。海洋工程装备制造行业应该加强与国际同行的合作与交流，学习借鉴国际先进经验和技术，以提高国际市场的开拓能力和服务水平。同时，海洋工程装备制造行业还应加强与"一带一路"沿线国家和地区的合作与交流，以拓展国际合作伙伴和市场份额，提高国际声誉与信誉。

五、促进全产业链升级，激发产业链发展活力

一是促进上游产业链自主研发和供应链控制。海洋工程装备制造业上游同样是需要高科技的精密钢铁制造业，这个产业同样需要加大研发力度和供应链控制，从材料源头保证产品的高质量。二是向下拓展市场和增强品牌价值，海洋面积是巨大的，开发海洋资源的国家是众多的，所以需要打造高端良好的产业品牌，拓展海外国际市场，利用需求拉动供给端升级。同时，企业可以通过有序地合并收购、战略合作等方式实现产业链升级。政府可以通过各种方式促进海洋工程装备制造业的上下游产业链升级，激发产业链发展活力。

六、引进海外产业人才，借鉴国内外先进技术

大量的案例告诉我们，封闭导致落后，开放才能进步。广深珠中江五市的海洋工程装备制造业融合发展同样不能闭门造车，既可以引进国际上海洋工程教育发达的高校毕业生，例如里斯本大学、挪威科技大学等海洋工程学科专业的学生；也可以与国际上有名的海洋工程企业合作交换人才、相互交流。只有不断学习先进的科技，并在此基础上融合自身优势，才能更好地实现海洋工程装备制造业的融合发展。

第三章　港珠澳江海洋旅游业融合发展案例研究

海洋旅游业是世界海洋经济最大的产业之一。海洋旅游利用丰富的海洋资源吸引游客，在海滨城市、海岛景点或海洋周边地区提供各种休闲和娱乐活动，让游客体验独特的海洋文化和风情。海洋旅游业对于促进海洋经济的繁荣和发展具有重要作用。加快推进海洋旅游业与其他产业的融合发展，是响应国家政策并构建新时代海洋产业新格局的时代要求。香港、珠海、澳门、江门四地通过充分发挥各种资源的效用，提升海洋产业的发展能力，并运用"产业融合"的概念来整合海洋旅游资源，推动产业结构的优化升级，以期实现海洋旅游产业的创新性和突破性发展。

第一节　研究背景

在深入贯彻粤港澳大湾区和深圳建设中国特色社会主义先行示范区战略部署的背景下，珠三角核心区将努力发挥核心引领作用，以争创一批现代海洋城市，打造海洋经济发展的引擎。港珠澳江四地海洋旅游业融合发展的意义在于促进区域经济的繁荣和可持续发展，通过合作和共享资源，提高海洋旅游业的竞争力和吸引力，吸引更多游客和投资。此外，融合发展还可以促进文化交流和人员流动，增进区域间的合作与互信。最终，这将推动整个区域的经济发展和社会进步。

一、提升港珠澳江四地海洋旅游业的发展能级

珠海正在致力于打造珠江河口西岸高质量海洋经济发展的枢纽城市，以及沿

海经济带的样板城市。为此，珠海正加速推进高栏港临海先进制造业基地、综合保税区、万山海上发展实验区等项目，并将重点放在环绕珠江口、涵盖珠海至澳门的蓝色产业带上。另外，珠海还积极开展了海岛保育和发展的综合实验，以探索和推动海岛资源的保护与开发工作。江门市将银湖湾滨海新区和广海湾经济开发区作为重点，致力于建设海工装备测试基地和特色海洋旅游目的地，进一步发展珠江西岸新的增长极和沿海经济带的江海门户。通过重点建设银湖湾滨海新区和广海湾经济开发区，江门市将优化海洋经济产业布局，提高海工装备制造和测试水平。同时，江门市还将致力于发展特色海洋旅游，充分挖掘本地海洋文化和资源，打造独具魅力的旅游目的地。

二、推动港珠澳江四地海洋旅游业朝海洋休闲产业发展

首先，全面认识和深入挖掘海洋休闲的多维度发展至关重要。《粤港澳大湾区发展规划纲要》提出，在推进海洋经济发展的同时，必须注重生态环境保护，促进经济与生态的协调发展，构建和谐的海洋社会生态湾区，实现海洋经济湾区、海洋人文湾区、海洋生态湾区的协调发展。从休闲的角度出发，应全面发展物产海洋、景观海洋、运动海洋和娱乐海洋，打造体验海洋、生活海洋、文化海洋和高端海洋，实现对海洋的全方位开发和利用。其次，通过文化来塑造海洋休闲的核心价值。深入挖掘粤港澳大湾区的海洋文化，发展海洋科普旅游、海洋历史文化遗产、海洋军事文化、海洋民俗文化、海洋博物馆、海洋健康等旅游和休闲产品。将尊重自然、顺应自然、保护自然的生态文明理念与海洋休闲融合，营造全社会关注、保护和开发海洋的良好氛围。综上所述，从普通海洋观光海滨度假模式向全方位立体式海洋休闲转化，需要全面认识和深度挖掘海洋休闲的多维度发展，并借助文化塑造海洋休闲的灵魂，以实现海洋产业的可持续发展及和谐共生。这对于粤港澳大湾区和整个海洋旅游业的融合发展具有重要的意义。

三、促进港珠澳江四地海洋旅游业实现多元化发展

首先，要突破传统海洋观光和海滨度假模式。除了提升海洋观光和度假体验，还应大力开发休闲渔业、潜水、远洋海钓、海洋体育等高端项目，并重点培育邮

轮游艇、滨海疗养等新业态。同时，不断开发新的海洋娱乐产品，如海洋现场表演、海洋拓展训练、海岛露营等。另外，利用人工珊瑚礁进行增殖放流，开发集休闲、垂钓、潜水、观光于一体的海洋牧场。其次，建设粤港澳大湾区滨海旅游产业集群。以天然资源和岭南文化为依托，以滨海生活和休闲文化为主要内容，重点发展家庭休闲度假和商务会议度假，提供现代化配套设施和国际化服务，探索旅游与体育、文化、健康、养老等多领域融合的发展方式，打造生态化、高质量的滨海旅游胜地。最后，学习外国的成功经验，打造多姿多彩的海上节日品牌。在此基础上，建立以海洋休闲活动为主的俱乐部，将是今后海洋休闲活动发展的一个重要载体。在这方面，可以积极发展海钓俱乐部、游艇俱乐部、滑水俱乐部、帆船俱乐部、皮划艇俱乐部等，以推动海洋休闲产业的不断壮大和创新发展。

四、推动港珠澳江四地海洋旅游业高质量发展

海洋经济是一种具有高度开放性、全球性的经济形态，具有自然的开放性。我国稳步推进 21 世纪海上丝绸之路建设，目的是加强海上的连接，加强在各个领域的务实合作，促进蓝色经济的发展，加快海洋文化的融合，共同促进海洋福利。而粤港澳大湾区是我国对外经贸交流和合作的重要窗口。在此背景下，可以探索海洋休闲产业的合作交流与协同发展、科技创新与制度协调、生态保护与人海和谐等方面，为促进粤港澳大湾区海上休闲产业的融合发展奠定基础。港珠澳江四地要充分发挥陆地和海洋资源优势，加强合作，推动海洋休闲产业的发展，发展新型的海洋休闲方式，充分发挥"港群 + 产业群 + 城市群"的叠加作用，共同构建大湾区海洋休闲特色产业集群。

第二节　现状分析

海洋旅游是指人们在一定的社会经济条件下，以海洋为依托，为满足精神和物质需求而进行海洋游览、娱乐和度假等活动所产生的现象和关系的总和。海洋旅游在全球旅游业中扮演着举足轻重的角色，并且呈现出强劲的增长态势。

一、国内海洋旅游业发展现状

党的十八大提出了海洋强国的概念，将海洋经济作为推动中国国民经济发展的重要引擎。海洋旅游业已经在我国得到了快速发展，并逐渐成为海洋经济和国民经济的重要组成部分之一。

（一）国内海洋自然生态资源丰富且特色鲜明

中国是一个名副其实的海洋大国。我国的海域包括渤海、黄海、南海、东海等，海域总面积超过 400 万平方千米。沿海线长达 3.2 万公里，从辽宁丹东至广西防城港。此外，在浙江、福建、海南等沿海地区，面积超过 500 平方米的岛礁数量超过 6 000 个。中国的海岸地貌类型多种多样，可分为海蚀和海积两大类。海蚀地貌是由海流与海风共同作用，如风化岩石等；而海积地貌，如海滩和沙滩，都是在沉积过程中产生的。总的来说，我国丰富的海洋资源以及多样的地貌景观为海洋旅游业提供了广阔的发展空间。通过充分开发利用这些资源，我国海洋旅游业将迎来更加繁荣和可持续的发展。

（二）国内海洋旅游业规模大且发展快速

海洋经济发展中占比最大的是海洋旅游业。据统计，2022 年 15 个海洋产业增加值 38 542 亿元，其中，海洋旅游业占比最大，达到了 34.0%。由此可见，海洋旅游业在海洋经济产业中的地位之高。2022 年全国海洋旅游业的全年增加值为 13 109 亿元，较上一年下降了 10.3%（见表 3-1）。这一下滑主要是由于全年疫情的持续影响，海洋旅游业受到重创，影响了整个海洋经济的增速。

表 3-1 2022 年海洋产业增加值构成

指标	总量/亿元	增速/%
海洋产业生产总值	94 628	1.9
海洋产业增加值	38 542	-0.5
海洋渔业	4 343	3.1
沿海滩涂种植业	2	1.0

（续上表）

指标	总量/亿元	增速/%
海洋水产品加工业	953	0.9
海洋油气业	2 724	7.2
海洋矿业	212	9.8
海洋盐业	44	−1.4
海洋船舶工业	969	9.6
海洋工程装备制造业	773	3.0
海洋化工业	4 400	−2.8
海洋药物和生物制品业	746	7.1
海洋工程建筑业	2 015	5.6
海洋电力业	395	20.9
海水淡化与综合利用业	329	3.6
海洋交通运输业	7 528	6.0
海洋旅游业	13 109	−10.3

数据来源：《2022 年中国海洋经济统计公报》。

我国涌现出一系列以滨海休闲为主题的城市，例如"浪漫之都"大连、"度假天堂"三亚、"南国明珠"北海等。这些城市通过充分发挥自身滨海资源的优势，吸引着大量游客前来休闲度假。据数据统计，全国有超过 1 500 个滨海旅游景点，除了海洋渔业外，滨海旅游业在海洋工业中所占的比重大约为 26.24%。全国 26 座知名旅游城市中，天津、上海、大连、宁波、杭州、福州、厦门、青岛、广州、深圳、珠海、海口这 12 座城市都在滨海。沿海地区的旅游企业营业收入为 444.7 亿元，占同期全国旅游业总收入的 40.2%。

我国的海洋旅游发展格局主要分为五个主要带区：①环渤海带，包括辽宁、河北、天津和山东。这一带地区因其环渤海的优势，拥有丰富的海洋旅游资源。②长三角带，涵盖江苏、浙江和上海一线。由于人口密集、气候宜人、交通便捷等多重因素，长三角地区成为海洋旅游的重要热点。③海峡西岸带，主要集中在福建一带。福建地区依托海峡资源，吸引着众多游客前来体验海洋的魅力。④珠三角带，以广东为主。珠三角地区由于经济发达，拥有丰富的旅游资源和便捷的交通条件，成为海洋旅游的重要目的地。⑤海南岛和广西沿线带。海南岛以其独特的热带海滨风光和丰富的海洋资源，吸引了一部分海洋旅游者，而广西沿线地区也逐渐在海洋旅游中崭露头角。

（三）　国内海洋旅游产业链较短且旅游品牌弱

从产业链的角度来看，我国的海洋旅游产业链较短，主要以"沙滩＋酒店"为主要形式，存在产品同质化问题严重的情况。虽然近年来国内开始开发海洋活动，探索海洋旅游新业态，但整体产业发展态势仍然不好。就旅游形象而言，我国滨海旅游目的地相对较少，旅游品牌相对不够强大。当前，我国沿海旅游正处在一个繁荣的发展时期，一些地方已经初步形成了目的地的理念，并且已经产生了一些品牌，比如三亚、上海、厦门。但总体来说，目的地数量仍然有限，而且旅游品牌在国际层面上尚未真正展现出较强竞争力。

二、国外海洋旅游业发展特点

世界海洋旅游可以追溯到19世纪的英国。在19世纪，欧洲大西洋沿岸出现了滨海疗养地，这标志着海洋旅游的起步。随着时间推移至20世纪，地中海沿岸和热带海滨旅游逐渐兴起，海洋旅游开始在全球范围内受到越来越多的关注。进入20世纪90年代以后，各国对本国领海权力的重视程度不断提升。特别是随着《联合国海洋法公约》的生效以及《21世纪议程》的执行，海洋在国际上的战略作用越来越明显。全球各国都意识到海洋旅游的潜力和重要性，积极推动海洋旅游业的发展。随着科技的进步和交通便捷性的提高，海洋旅游将继续蓬勃发展，并为各国经济和文化交流带来新的机遇和挑战。

根据世界旅游组织2019年的统计数据，全球海洋旅游收入约为2 500亿美元，占全球旅游收入的50%。随着海上旅游业的兴盛，夏威夷群岛、马尔代夫群岛、巴厘岛、普吉岛、冲绳岛、济州岛、塞班岛等，纷纷成为全球享有盛誉的岛屿。这些岛屿之所以具有如此大的影响力，与其独特的自然环境和科学、理性的发展理念是分不开的。

（一）　全球海岛资源聚集及分布情况

据统计，全球岛屿总数达5万个以上，总面积约为997万平方千米，和中国国土面积差不多大，占全球土地面积的1/15。它们遍布七大洲，但是分布并不均匀。在这七大洲中，北美洲拥有面积最大的岛屿，南极洲拥有面积最小的岛屿。从地域上来看，北美洲是世界上岛屿面积最大的大洲，其岛屿面积达410万平方千米，大约是整个大陆面积的20.37%。与此形成鲜明对比的是，南极洲岛屿面积只有大约76 000平方千米，约占整个大陆的0.5%。而在亚洲东南方向，太平洋和印度洋交界的广袤群岛，则是马来群岛。马来群岛是世界上面积最大的群岛，由20 000多个小岛屿组成，其中有苏门答腊岛、加里曼丹岛、爪哇岛以及菲律宾群岛等，沿着赤道长6 100千米，从南到北宽3 500千米，岛屿面积243万平方千米，大约占全球岛屿面积的20%。这些岛屿的地理分布和巨大的面积为海洋旅游提供了丰富多样的资源和机遇，吸引着众多游客前来探索和体验其独特的自然风光和文化魅力。

（二） 国际海洋旅游业发展特点

首先，值得注意的是，全球旅游收入排名前25位的国家和地区中，有23个是沿海国家和地区，这些地区的旅游总收入占据了全球近70%的份额。其次，海洋旅游业对国家经济发展的作用越来越大。澳大利亚、印度尼西亚、希腊、西班牙等国都已把海洋旅游作为本国经济中的主要收入来源和支柱。在很多热带、亚热带岛屿国家，海洋旅游已成为其最重要的经济来源，有的岛屿国家的海洋旅游在国民经济中所占的比例超过了半数。热带、亚热带地区已成为世界海洋旅游的主要发展方向，并已涌现出一大批世界级海洋旅游目的地。这些地区以其独特的自然美景、丰富多样的海洋文化和优质的旅游服务，吸引着大量游客前来观光度假，为海洋旅游业的繁荣发展作出了重要贡献。目前，地中海地区、加勒比海地区、东南亚地区是世界上最有市场影响力的三大海洋旅游目的地。南太平洋及南亚正快速崛起，并逐渐成为全球海上旅游新兴热门旅游地。这些地区以其独特的自然风光、文化魅力和优质的旅游服务，吸引着越来越多的国际游客前来探访，为全球海洋旅游业带来新的活力和潜力。

（三） 国际海洋旅游业创新特点

旅游者越来越重视休闲旅游，而海洋旅游所拥有的良好环境和丰富资源，可以给游客带来一种独特的休闲体验。在海洋旅游未来的发展过程中，要进一步强化其休闲功能，以适应市场需求。在享受大自然美景的同时，还能将当地的民俗、文化、艺术等多种元素融入其中，为人们带来无限的休闲乐趣。这样一个多功能的体验项目，将大大提高游客的平均逗留时间和重复旅游次数。旅游业将致力于创造更多令人难忘的旅行体验，让每一位旅游者都能在海洋旅游中留下美好回忆，为海洋旅游产业的持续繁荣作出贡献。国际海洋旅游业体现了以下五个创新特点：一是可持续旅游。国外许多海洋旅游目的地正在关注可持续旅游的重要性。它们采取措施减少环境影响，保护海洋生态系统，推动低碳旅游和环保实践，以确保长期的旅游发展和保护自然资源。二是冒险与生态旅游。国外一些目的地将海洋旅游与冒险、生态旅游相结合。例如，深潜旅游、海洋动物观赏、海底考古探险等，满足游客对独特体验和自然环境的渴望。三是船上旅游。越来越多的国外游轮公司提供高品质的海洋旅游体验，包括豪华游轮和探险游轮。游客可以在舒适的船舱中欣赏美丽的海景，同时还可以在各个目的地进行岸上观光。四是海洋科技体验。某些目的地结合海洋科技，为游客提供更丰富的旅游体验。例如，潜水器潜水、水下无人机观察、虚拟现实海洋冒险等，让游客深入了解海洋世界。五是文化与海洋旅游。国外一些目的地将文化与海洋旅游相结合，推出海洋文化旅游产品。游客可以探索海洋历史遗迹、参与传统海洋活动，体验独特的海洋文化。这些创新举措使得国外海洋旅游业更加多样化，吸引着更多游客前往体验独特的海洋之旅。

三、港珠澳江海洋旅游业现状分析

《粤港澳大湾区发展规划纲要》旨在提升海洋资源开发利用水平，并科学统筹海岸带（包括海岛地区）、近海海域和深海海域的利用。该规划纲要还强调加快构建休闲湾区，推动"海洋—海岛—海岸"立体旅游开发。此外，该规划纲要还探索以旅游等服务业为主体功能的无居民海岛整岛开发方式，实现更全面、多元的发展。同时，推动粤港澳大湾区海岛旅游的可持续发展，促进区域合作与交流，提升海岛旅游的吸引力和竞争力，为大湾区的经济繁荣与文化交流作出贡献。

（一）港珠澳江四地海洋资源整体丰富

海洋拥有广袤无垠的景观，吸引着众多休闲爱好者，不仅如此，海洋更是富含多彩的文化内容，如海洋民间传说、历史典故、名人遗迹、神话传说、海洋节日，等等。世界上很多沿海国家把海洋旅游产业视为国民经济的重要支柱产业，发展海洋旅游产业，推动蓝色经济发展，促进海洋文化交融。世界著名的湾区，如纽约湾区、东京湾区、旧金山湾区等，都以旅游休闲产业为主要特色。发展海洋休闲产业对于推动蓝色经济、促进粤港澳大湾区海洋文化融合和推进21世纪海上丝绸之路建设具有重要意义。同时，发展海洋休闲产业对广东省来说有多重好处，包括满足人民群众休闲度假需求、构建幸福广东、发挥海洋资源优势和提升海洋经济实力。

粤港澳大湾区的海洋文化表现为海洋民俗文化、海洋宗教信仰文化、海洋风景文化、海洋商业文化以及历史悠久的港口文化。林则徐禁烟、五口通商、海上丝绸之路、南宋沉船南海Ⅰ号和妈祖信仰等是粤港澳大湾区特有的海洋文化标志。发展海洋休闲业将为湾区的文化创新注入新的活力，促进湾区建设。在当今社会，休闲体验已成为国人的主要消费特点，海上休闲产业成为假期经济和体验经济的典范，呈现出多样化的形式，满足了不同社会阶层和年龄结构的休闲人群的多元化需求。从娱乐型的趣味休闲到文化型的游学休闲，从豪华邮轮到大众游船，海洋休闲产业以多维度、全方位的方式满足人们对大自然的享受，同时让人们沉浸于丰富的民俗、文化和艺术乐趣之中。在海洋休闲产业的发展中，游客不仅能享受迷人的海洋景观，还可以深入挖掘海洋文化的内涵，海洋民俗、宗教信仰、海洋历史等元素都可以成为吸引游客的特色文化旅游产品。同时，粤港澳大湾区可结合旅游产业的市场影响力，加强海洋文化自身宣传，并为海洋文化资源提供特色旅游产品。海洋休闲产业的发展也可借助旅游设施，如举办民俗节庆活动，提供丰富多样的海洋体验项目等，以此延长文旅产业链，增加产品吸引力，推动海洋旅游的可持续发展。综上所述，发展海洋休闲产业对于粤港澳大湾区具有重要意义，将带动蓝色经济的繁荣发展，促进海洋文化与旅游业的有机融合。广东省将致力于打造国际知名的海洋休闲旅游地，创建海洋生态旅游、海洋休闲运动、海岛养生度假、海洋休闲度假等特色品牌，促进幸福湾区和休闲湾区的实现；然而，我们也需认识到目前海洋休闲产业仍处于初级阶段，需要加强环境保护意识，提升高品质产品供给，推进海洋休闲文化内涵的挖掘。粤港澳大湾区应抓住时机，充分发挥地理和政策优势，推进海洋休闲产业的可持续发展，助力粤港澳大湾区成为璀璨蓝色明珠。

香港、珠海、澳门、江门四地在海岛观光方面都拥有丰富的山、水、滩、湾等自然资源。例如，江门的上川岛、下川岛，珠海的万山海岛，香港的石澳岛、塔门岛、蒲台岛，澳门的达仔岛、路环岛等都是海岛旅游的热门目的地。珠海万山区的海域面积达到 3 200 平方千米，东临香港，西接澳门，它是联系南海、华南内陆、珠江三角洲，通向世界的关键通道，具有重要的战略意义。在这一区域内，大大小小的岛屿有 106 座，岛上的土地面积超过 80 平方千米，海岸线长 289 千米。香港拥有许多半岛和 230 多个小岛，有 870 千米的海岸线。在这些泳滩中，有 40 多个已经发展为公众海滩，这些景点水质清澈、沙滩细腻、环境优美，均为香港本岛、新界及离岛的休闲胜地。澳门位于珠江口西岸，毗邻香港和广东省，地理位置优越，交通便利。作为一个港口城市，澳门具备良好的海上运输条件，方便货物进出口和旅游业的发展。这些海滨地区为游客提供了绝佳的度假胜地，让游客可以尽情享受海滩沙滩的美景和海洋休闲娱乐的乐趣。香港的独特地理位置和优美的自然风光使其成为全球最受欢迎的海上旅游胜地之一，吸引了众多国内外游客前来体验。

（二）　港珠澳江四地海洋旅游业发展各具优势和不足

《粤港澳大湾区发展规划纲要》将"宜居宜业宜游的优质生活圈"作为五大战略定位之一。粤港澳大湾区拥有庞大的消费群体，《粤港澳大湾区高品质消费报告（2023 年）》指出，2022 年粤港澳大湾区居民人均 GDP 超过 2 万美元，居民对休闲娱乐的需求丰富。发展海洋休闲产业对满足湾区居民的休闲需求至关重要，有助于提高湾区居民生活质量，推动湾区成为幸福感满满的休闲湾区。粤港澳大湾区在发展海洋休闲产业方面具有巨大的潜力和光明的前景。粤港澳大湾区作为"一带一路"的关键节点，将为海洋休闲产业的发展带来更广阔的机遇，借助全球化所带来的资本、技术、产业、政策等方面的优势，《广东省推进粤港澳大湾区建设三年行动计划（2018—2020 年）》提出，要充分发挥大湾区海岸线的优势，大力发展滨海运动和休闲活动，如帆船、冲浪、垂钓、潜水等，为拓展海洋经济的空间与市场创造良好条件。当前粤港澳大湾区正处在发展海洋休闲产业的有利时机，具备巨大潜力和光明前景。

与此同时，粤港澳大湾区的海上休闲和滨海旅游产业还处在发展初期，高质量产品较为缺乏。发展湾区海洋休闲产业不仅能满足人民群众日益增长的休闲度假需求，满足构建幸福湾区的需要，还能充分发挥湾区丰富的海洋资源优势，提升整体海洋经济实力。粤港澳大湾区在海岛旅游发展方面具备丰富的资源和广阔的市场潜力，各地区发展条件各有特点。在20世纪80年代，广东的海岛旅游业逐渐开始形成，其中以海陵岛、上下川岛、南澳岛等岛屿开发的海水浴场最具代表性。但是，由于受到政策、资金、技术条件、经济发展水平以及市场需求等多方面的影响，海岛旅游业的发展水平未能达到很高的程度，总体上还处在资源驱动的发展阶段。澳门的历史发展与海洋紧密相连，从一个小小的渔村变成了一个自由贸易的港口，海洋一直扮演着重要的角色。由于澳门的陆地面积有限且人口众多，它的发展受制于有限的空间；而把发展眼光投向大海，澳门将有巨大的拓展空间，海洋发展将带来新的机遇。近年来，澳门提出了"滨海海洋海岛旅游，商务休闲旅游地"发展方向，以海岛度假、游艇海钓、游轮旅游为核心，以旅游观光为主要内容。然而，目前海岛旅游业在粤港澳大湾区的海洋产业开发中受到的重视还不够，对粤港澳大湾区的社会、经济和文化的带动作用也相对较弱。为了充分发挥海岛旅游潜力，需要加强合作，共享资源，推动海洋产业开发。同时，还需增加对海岛旅游业的投资和支持，提高设施设备和服务水平，吸引更多游客来探索这些美丽的海岛。通过共同努力，海岛旅游业将能为粤港澳大湾区发展带来更大的推动作用。

四、海洋旅游业融合发展的意义

在新型经济全球化的大背景下，世界经济格局正在发生深刻的转变，朝着开放、包容、普惠、平衡、共赢的方向持续发展。在这样的环境下，各主要海洋大国之间围绕海洋产业的竞争日益激烈，我国海洋工业的发展和布局已进入新时期。在"一带一路"的带动下，我国海洋产业在全球范围内的合作和发展，为海洋产业的转型和升级提供了新的契机。同时，海洋强国战略给海洋工业的转型升级带来了重大的战略支持，而要实现陆海统筹，加快建设海洋强国，则是海洋工业发展的战略机会。在全球经济的新格局下，海洋产业将发挥越来越重要的作用，为各国经济增长与可持续发展带来新的动力与机遇。

在我国海洋产业的发展过程中，产业融合已成为一个重要的主题。通过科技创新、绿色发展和产业融合等手段，以休闲渔业、海洋牧场、沿海渔港、国家级海洋公园和远洋渔业为基础，推动传统渔业的转型和结构调整，为我国海洋渔业实现高质量发展和海洋产业的转型升级提供理论基础。同时，将海洋渔业与旅游相融合，创造新的发展模式，为海洋资源的可持续利用和旅游业的繁荣发展提供新的机遇。这样既能提高海洋资源的利用率，又能提高海洋产业的附加值，进一步推动海洋产业的可持续发展，为海洋经济的繁荣发展贡献更多力量。

（一）　经济层面的意义

海洋旅游业融合发展促进沿海区域经济的繁荣，不仅扩展了旅游活动的范围，同时也推动了旅游体验经济的发展。随着旅游体验经济的不断壮大，沿海地区积极开发了渔业体验空间，这进一步促进了滨海和陆域资源环境的整合开发与利用。这样的发展举措使得旅游者可以更好地融入当地的渔业活动，并且充分体验海洋与陆地之间的独特魅力，为沿海地区旅游产业的融合发展注入新的活力与吸引力。这种综合性的旅游体验不仅满足了游客的需求，也推动了沿海地区旅游产业的升级与多元化发展。海洋旅游业融合发展具有重要的经济意义：一是促进产业结构升级，打破传统市场瓶颈。海洋休闲渔业将体验、休闲等功能融入传统海洋渔业发展过程中，能够有效提升传统海洋渔业的附加值，推动传统海洋渔业向现代化转型升级。根据2021年《中国休闲渔业发展监测报告》，2011—2019年海洋休闲渔业呈现明显增长，产值从256.01亿元增长至943.18亿元，增幅达268.42%；休闲渔业在渔业经济总产值中的比重也从1.71%增至3.65%，未来发展空间较大。二是协调保护与开发，提升产业综合效益。由于过度捕捞，传统海洋渔业发展存在资源锐减、生态环境破坏等问题。海洋休闲渔业因体验形态多样，如垂钓、赶海、食当地特色海鲜、住渔家体验渔家风情等，对实现渔业资源增值、渔民创收发挥重要作用，有助于提升产业的经济、生态和社会效益。三是沿海地区积极拓展渔业体验空间，促进了滨海和陆域资源环境整合开发与利用。伴随旅游体验经济的发展，游客在渔业生产空间的旅游消费增加，延伸了海洋渔业产业链，也促进了渔民增收，提高了沿海区域经济效益。

（二）　社会层面的意义

一是促进经济多样化，提高区域竞争力。在海洋休闲渔业与传统渔业的融合中，可以实现资源的优化配置，推动新兴产业的崛起。通过发展休闲渔业，能够吸引更多游客，增加地方经济收入，同时为渔民提供更多就业机会，改善生活水平。此外，海洋旅游业的兴起也促进了基础设施建设和相关服务业的发展，从而进一步推动了地区的综合发展。二是保护和发展相结合，提高工业的整体效率。由于过度捕捞的原因，传统的海洋渔业正面临着资源急剧减少、生态环境恶化的严重问题。在此背景下，以多元化体验形式出现的海洋休闲渔业，已成为一条重要的解决途径。垂钓、赶海、品尝当地特色海鲜、住渔家体验渔家风情等多样化的体验形式，使得海洋休闲渔业能够为渔业资源增值、提高渔民收入发挥关键作用，对提高产业的经济效益、生态效益和社会效益具有重要意义。因此，协调保护与开发、兼顾经济效益和生态效益成为海洋休闲渔业发展的重要方向。注重保护海洋生态环境，合理开发利用海洋资源，在确保渔业可持续发展的前提下推动海洋休闲渔业的壮大。通过科学规划和有效管理，进一步推进产业转型升级，实现经济效益与生态效益的双赢，并为滨海地区的可持续发展贡献力量。

（三）环境层面的意义

一是保护海洋生态环境。海洋旅游业融合发展注重海洋生态环境保护，包括保护海洋生物多样性、珊瑚礁、海洋生态系统等。通过科学规划和管理旅游活动，减少人为干扰，确保旅游业的可持续发展，有助于维护海洋生态平衡，保护珍稀濒危物种，维护生态系统的完整性和稳定性。

二是推动绿色旅游。海洋旅游业融合发展鼓励和倡导绿色旅游，即以环保为导向的旅游模式。通过采取可持续发展的旅游业态，减少碳排放、节约能源和资源，降低旅游业对环境的影响，从而减轻海洋生态压力，促进环境保护。

三是增强公众环保意识。通过旅游活动，游客能够深入了解海洋生态，认识到海洋生态的脆弱性和重要性，从而增强公众对环保的认知和意识。这将促使更多人参与到环境保护行动中，共同保护海洋生态。

四是促进海洋科学研究。海洋旅游业的融合发展需要借助科技手段，包括海洋科学研究、环境监测等。通过对海洋生态环境的深入研究，可以更好地了解海洋的生态特征，找到更有效的保护方法，并为海洋生态环境的修复和保护提供科学依据。

五、研究的目的和必要性

（一）　研究的目的

在 21 世纪，海洋已成为焦点。海洋渔业和海洋旅游已经成为中国海洋经济的支柱产业，对促进国家海洋经济的高质量发展具有举足轻重的作用。海洋休闲渔业作为一种新兴产业，将海洋渔业与旅游业相融合，创造了全新的发展模式，为我国海洋经济的高质量发展提供了新的机遇和动力。这不仅能够扩大海洋旅游的发展空间，还能促进海洋渔业的转型升级，实现行业间的协同发展和共赢。海洋渔业和旅游业的融合发展，在我国"十三五"规划实施后受到广泛重视。国家陆续出台了多项政策文件，为推进这一融合发展提供指导。这些政策文件包括《国家级海洋牧场示范区建设规划（2017—2025 年）》《关于加快推进渔业转方式调结构的指导意见》《"十四五"全国渔业发展规划》《全国乡村产业发展规划（2020—2025 年）》《全国沿海渔港建设规划（2018—2025 年）》等。这些政策文件旨在促进海洋第二、三产业的发展，进而将海洋经济打造成为新的增长引擎。

基于上述论述，实现海洋渔业与海洋旅游资源的融合是我国发展海洋渔业和旅游资源开发的一项重要战略。加强海洋产业的协调合作有助于更好地挖掘海洋资源潜力，推动海洋渔业与旅游业的互利共赢，为海洋经济的可持续发展提供新动力，促进海洋经济的多元化发展。进一步深化海洋渔业与旅游业的融合发展，需要积极探索创新，推动海洋产业链的延伸和拓展，提高海洋资源的综合利用效率；同时，加强政策的执行和监督，确保政策措施的有效落实，为海洋渔业与旅游业的融合发展提供良好的政策环境与保障。

（二）　研究的必要性

首先，海洋旅游业融合发展可以实现对海洋资源的综合利用。海洋渔业与旅游业的有机结合使渔业区域成为旅游景点，游客在欣赏美景的同时可以品尝新鲜海鲜，提升旅游体验，增加海洋资源的价值。这种融合发展有助于促进传统海洋产业的转型升级。将旅游元素融入渔业业态，可以推动渔业由传统渔获为主转向体验型、休闲型渔业，提高渔业附加值，增加渔民收入。其次，海洋旅游业融合发展也有助于推动沿海地区的经济发展。开发海洋旅游资源，吸引游客前来消费，可以促进当地旅游业、餐饮业等产业的发展，带动就业和经济增长。此外，海洋旅游业融合发展也可以推动海洋经济的可持续发展。科学规划和管理，可以保护海洋生态环境，避免过度开发，确保海洋资源的可持续利用。最后，海洋旅游业融合发展有助于促进海洋文化的传承与弘扬。海洋作为中国传统文化的重要组成部分，通过旅游方式向游客展示海洋文化，可以增加人们对海洋文化的了解与认知。

因此，深入研究海洋旅游业融合发展的路径、模式和政策措施，对于实现资源优势最大化，促进经济发展与生态保护的有机统一，推动海洋经济的可持续发展具有重要的现实意义和前瞻性。因此，这项研究将为我国海洋工业的高质量发展提供理论依据和技术支撑。

第三节　案例分析

一、港珠澳大桥建设

（一）案例概况

港珠澳大桥作为香港、珠海和澳门之间的纽带，对于推动经济发展具有重要战略意义，而对于港珠澳江四地海洋旅游业的融合发展，更是有着重大的推动作用。一是提升交通便捷性。港珠澳大桥的建成使得港珠澳江四地之间的交通更加便捷和高效，游客可以通过大桥轻松前往不同城市，加强了四地之间的联系，促进了海洋旅游资源的共享和开发。二是旅游目的地更具多样性。港珠澳大桥连接了香港、珠海和澳门，使得游客可以方便地游览不同城市的海洋旅游目的地。这些城市拥有丰富的海洋旅游资源，包括美丽的海滩、海岛、海洋公园等，通过大桥的连接，游客可以更加便利地游览不同城市的海洋景点。三是提升产业互补性。港珠澳大桥连接的三个城市在海洋旅游业方面具有一定的产业互补性。香港拥有国际化的旅游市场和独特的海洋文化资源，澳门以豪华度假和博彩业著称，珠海则拥有海岛度假和海洋休闲渔业等资源。大桥的建设促进了这些城市间旅游产业的互联互通，带动了海洋旅游产业的协同发展。四是扩大市场，港珠澳大桥的建设扩大了港珠澳江四地海洋旅游业的市场规模。通过大桥的连接，更多的内地游客可以更加方便地前往港珠澳江四地进行海洋旅游，同时也吸引了更多国际游客来到这些城市，促进了海洋旅游市场的扩大和发展。五是推动产业协同创新。港珠澳大桥的建设促进了港珠澳江四地在海洋旅游业方面的协同创新。四地可以共同探讨海洋旅游业的发展策略，分享成功经验，加强资源整合，形成更大的合力，推动海洋旅游业的融合发展。

综上所述，港珠澳大桥的建设对港珠澳江四地海洋旅游业融合发展产生了积极的影响。它加强了港珠澳江四地之间的联系，提升了交通便捷性，丰富了旅游目的地，促进了海洋旅游业的协同发展和市场扩大，推动了海洋旅游业的可持续发展。

（二）主要结论和启示

1. 主要结论

港珠澳大桥是连接中国内地与香港、澳门的大型跨海通道，对于港珠澳江四地的海洋旅游业融合发展产生了深远的影响。以下是港珠澳大桥建设对港珠澳江四地海洋旅游业融合发展的影响案例分析的主要结论：

一是加速旅游交流。港珠澳大桥的建设极大地缩短了港珠澳江四地之间的交通距离，提高了交通便利性，加速了各地之间的旅游交流，促进了跨区域旅游合作与发展。二是拓展旅游市场。港珠澳大桥的建设为港珠澳江四地的海洋旅游业开辟了新的市场。游客可以更方便地从广东省前往香港和澳门，也可以从香港和澳门前往广东省，扩大了海洋旅游业的受众群体。三是提升旅游产品的多样化水平。港珠澳大桥连接了不同地区的旅游资源，促进了港珠澳江四地海洋旅游产品的互补和融合。游客可以在短时间内体验不同地区的海滩度假、文化观光、购物娱乐等多样化旅游产品。四是提升游客旅游体验。港珠澳大桥的建设使得游客可以通过陆路快速到达目的地，节省了旅行时间，提升了游客旅游体验，也方便游客更轻松地安排行程，享受更多的旅游活动。五是促进旅游合作。港珠澳大桥的建设促进了港珠澳江四地之间的合作与交流。各地可以共同规划旅游线路、举办联合旅游活动，加强旅游产业的合作，形成合力，共同推进海洋旅游业的发展。六是推动经济发展。港珠澳大桥的建设对于港珠澳江四地的经济发展产生了积极影响。海洋旅游业的融合发展带动了相关产业的发展，增加了就业机会，提高了区域经济活力。

综上所述，港珠澳大桥的建设对港珠澳江四地的海洋旅游业融合发展产生了积极的影响。通过加速旅游交流、拓展旅游市场、提升旅游产品多样化水平、提升游客旅游体验等举措，海洋旅游业在港珠澳江四地得到了进一步发展，并为地区经济的繁荣作出了贡献。政府和相关部门应继续加强合作，推动海洋旅游业的可持续发展，进一步发挥港珠澳大桥在地区一体化旅游发展中的重要作用。

2. 启示

港珠澳大桥建设对港珠澳江四地海洋旅游业融合发展提供了一些启示，可促进海洋旅游业的可持续发展和融合发展。一是交通互联促进融合。良好的交通互联是促进海洋旅游业融合发展的重要基础。类似于港珠澳大桥的跨区域基础设施建设可以带动不同地区旅游资源的互补与整合，拓展旅游市场，增加游客流量，提高地区旅游产业的整体竞争力。二是旅游产品多样化。融合发展的海洋旅游业应注重多样化旅游产品的开发和推广。各地区可以共同规划和推出丰富多样的旅游产品，满足不同游客的需求，提供更加综合的旅游体验。三是加强合作与交流。政府和相关部门应加强合作与交流，建立政策协调平台和信息共享机制，共同研究旅游业发展政策，解决潜在问题，形成合力。同时，加强旅游从业人员的交流与培训，提高服务质量和水平。

围绕港珠澳大桥的建设，对港澳珠江四地海洋旅游业融合发展提出如下对策建议：一是共同规划和推广旅游线路：港珠澳江四地可以共同规划和推广一些跨区域的旅游线路，包括海滨度假、文化体验、生态旅游等。通过联合推广，提高海洋旅游的知名度和吸引力。二是加强海洋生态保护。海洋旅游业的发展应当注重海洋生态保护，避免过度开发对海洋生态系统造成破坏。各地区应加强海洋环保宣传教育，增强公众和游客的环保意识，倡导绿色、环保的旅游方式。三是共同解决共性问题。在海洋旅游业发展过程中，可能会遇到一些共性问题，例如环境保护、资源管理等。港珠澳江四地可以协商，寻求解决方案，形成合力，共同推进海洋旅游业的发展。四是建立海洋旅游合作组织。港珠澳江四地可以建立一个海洋旅游合作组织，由各地政府部门、旅游业机构和企业参与，定期开展合作交流活动，共同促进海洋旅游业的发展。五是创新旅游产品和服务。港珠澳江四地可以共同推动旅游业的创新发展，开发新颖独特的旅游产品和服务，提升旅游体验，吸引更多游客到访。

综上所述，通过政策的协调与合作、共同规划和推广旅游线路、加强海洋生态保护等一系列对策，港珠澳江四地可以共同促进海洋旅游业的融合发展，实现经济繁荣和生态保护的双赢目标。同时，政府和相关部门应共同努力，形成良好的合作氛围，推动港珠澳江四地海洋旅游业的可持续发展。

二、横琴粤澳深度合作区

（一）案例概况

横琴粤澳深度合作区管理机构为了落实《横琴粤澳深度合作区建设总体方案》，制订了具体的行动方案，提供优质服务来推动合作区的建设，并积极挖掘粤港澳大湾区的制度创新潜力，发挥合作区的示范带动作用，加快提升澳门—珠海极点地区的实力和竞争力，进而辐射带动珠江西岸地区的发展。贯彻中共广东省委、广东省人民政府制定的《关于支持珠海建设新时代中国特色社会主义现代化国际化经济特区的意见》，根据实际情况发展现代海洋经济。依托万山群岛、环横琴岛和环高栏岛等区域，打造环珠澳蓝色海洋产业带。同时，加大深海资源的开发利用，加快建设海洋开发服务体系和海洋科技体系，推动多元化海洋旅游项目的发展。为此，全力发展远洋渔业，建设智能型海洋牧场，并着手建设洪湾渔港经济区。这些举措将为海洋经济的持续繁荣提供强有力的支持和助力。

横琴粤澳深度合作区的建设对港珠澳江四地的海洋旅游产业融合发展产生了积极的影响。横琴自贸区位于珠海市，是中国内地唯一与澳门相连的陆地边境口岸，也是澳门与珠海合作的示范区，对港珠澳江四地的海洋旅游产业融合发展具有重要意义。

（二）主要结论和启示

1. 主要结论

前海深港现代服务业合作区和横琴粤澳深度合作区的开发建设，对于国家构建开放型经济新体制和双循环新发展格局具有重要的支撑作用。这些合作区的建设有助于加快海洋经济要素的流动，为粤港澳大湾区的海洋经济发展注入新的活力。粤港澳大湾区以一体化发展为目标，旨在实现三地间要素的流动和经济的深度融合。一是旅游资源互补和整合。横琴粤澳深度合作区的建设为港珠澳江四地提供了新的海洋旅游目的地和资源，各地区的旅游资源得到互补和整合。游客可以通过便捷的交通网络游览不同地区的旅游景点，丰富了海洋旅游的产品线，提高了旅游的吸引力。二是推动旅游业融合发展。促进了港珠澳江四地海洋旅游业的融合发展。各地区加强了旅游合作与交流，共同规划和推广旅游线路，举办联合旅游活动，形成了区域间的旅游合作网络，推动了海洋旅游业的综合发展。三是提升游客的旅游体验。游客可以更便捷地到达横琴粤澳深度合作区，享受更好的旅游服务和设施，提高了整个地区的旅游服务水平，增强了游客的满意度。四是拓展海外市场。吸引了大量的海外投资和企业入驻，进一步拓展了海外市场。海外投资带来的资源和资金支持推动了海洋旅游业的发展，增加了海外游客的到访，推动了港珠澳江四地海洋旅游产业的国际化。五是促进经济繁荣。海洋旅游业的融合发展带动了相关产业的发展，增加了就业机会，推动了经济繁荣。横琴粤澳深度合作区的建设成为地区经济的重要增长点，带动了整个港珠澳江四地的经济发展。

综上所述，横琴粤澳深度合作区的建设对港珠澳江四地海洋旅游产业的融合发展产生了积极的影响。通过旅游资源互补和整合、推动旅游业融合发展、提升游客的旅游体验、拓展海外市场、促进经济繁荣等措施，横琴粤澳深度合作区促进了港珠澳江四地海洋旅游产业的健康发展和协同发展。政府和相关部门应继续加强合作，创新发展模式，共同推进海洋旅游产业的可持续繁荣。

2. 启示

横琴粤澳深度合作区建设对港珠澳江四地海洋旅游产业融合发展提供了一些启示，以促进海洋旅游业的可持续发展和融合发展。一是跨区域合作的重要性。横琴粤澳深度合作区建设显示了跨区域合作对于海洋旅游业融合发展的重要性。各地区应加强政策沟通与协调，共同制定有利于海洋旅游业发展的政策，推动旅游资源共享与互补，共同打造区域旅游品牌。二是开放与对外合作。横琴粤澳深度合作区建设吸引了海外投资和企业入驻，说明海洋旅游业的融合发展需要开放与对外合作。各地区应积极吸引海外投资，加强同国际旅游市场的合作与交流，提升区域的国际竞争力。三是旅游资源整合与升级。横琴粤澳深度合作区的建设加强了旅游资源的整合与升级，各地区应进一步挖掘旅游资源，提高旅游业的服务质量和水平，满足游客的多样化需求。

围绕横琴粤澳深度合作区的建设，对港珠澳江四地海洋旅游业融合发展提出如下对策建设：一是建立交流与合作机制。建立港珠澳江四地海洋旅游业的交流与合作机制，定期召开会议，共同研究海洋旅游业的发展规划与政策，推动资源共享与合作。二是共同推广旅游品牌。港珠澳江四地可以共同推广区域的海洋旅游品牌，举办联合推广活动，提高区域旅游的知名度和吸引力。三是加强旅游产业培训。加强旅游从业人员的培训，提升服务质量和水平，为游客提供更好的旅游体验。四是推动绿色可持续发展。在海洋旅游业发展过程中，要注重绿色可持续发展，加强海洋生态保护，避免对环境造成负面影响。五是创新旅游产品与业态。鼓励港珠澳江四地海洋旅游业创新，开发独特的旅游产品与业态，满足游客多样化的需求，提高区域旅游业的竞争力。

综上所述，横琴粤澳深度合作区建设对港珠澳江四地海洋旅游产业的融合发展产生了积极影响，但也面临着一些挑战。通过建立交流与合作机制、共同推广旅游品牌、加强旅游产业培训等对策，可以进一步促进海洋旅游业的融合发展，实现港珠澳江四地海洋旅游业的共同繁荣与可持续发展。政府和相关部门应共同努力，形成良好的合作氛围，推动区域海洋旅游产业的繁荣与发展。

第四节　对策建议

我国海洋旅游业发展迅猛，成为旅游业的重要组成部分，同时也构成了海洋经济和国民经济中非常重要的组成部分。然而，在这一迅速发展的过程中，也暴露出一系列问题。基于对我国海洋旅游业现状及问题的深入分析，国家从实践的角度提出相应对策，以推动该领域健康且可持续发展。

一、加强政策协调和合作机制建设

（一）推动政策的协调和合作

海洋旅游业的发展需要政策的协调和合作，以促进旅游业的可持续发展和保护海洋生态环境。一是打造政策协调平台。建立政府间的政策协调平台，由各级政府部门和相关旅游业机构参与。通过召开定期会议和沟通，共同研究海洋旅游业的发展政策，解决潜在问题，加强政策的一致性。二是构建信息共享机制。建立信息共享机制，实现海洋旅游业的数据共享和信息交流。共享市场调查、旅游数据、行业报告等信息，有助于各市了解旅游市场的需求和趋势。三是推进资源整合与共享。充分利用各市的资源优势，实现资源整合与共享。例如，香港和澳门可以提供国际航空与海运资源，广东省可以提供丰富的海滨度假资源，通过互相合作，提高港珠澳江四地的综合旅游竞争力。四是深化合作推广。共同举办海洋旅游节、海洋文化活动等大型活动，联合推广和宣传港珠澳江四地的海洋旅游资源。合作推广有助于扩大知名度和吸引更多游客。五是加强交流与培训，组织交流与培训活动，让四地的旅游从业人员共同学习，增进了解，提高服务质量和水平。六是联合规划项目。在海洋旅游业的开发中，可以联合规划一些跨市的旅游项目。例如，联合建设海洋公园、生态旅游区等，充分发挥各自优势，提供多样化的旅游体验。七是共同解决实际问题。在海洋旅游业发展过程中，各地政府、企业和社会各界应共同努力，携手形成合力，寻求解决方案，共同解决遇到的实际问题，例如环境保护、资源管理等。

（二）促进政策的创新和完善

加强制度创新和完善海洋旅游领域的法律法规，推动粤港澳大湾区海洋旅游产业高质量发展。一是制定和完善政策法规。积极解决海洋旅游发展领域由于规则、方案缺失，制约了海洋与旅游业之间相互渗透与融合发展的问题。发挥政府作为桥梁和纽带的宏观调控职能，科学合理制订海洋旅游开发的规划方案和产业融合政策等相关政策法规，保证政策的创新性和实效性，为融合发展提供科学指导和保障。二是优化投资环境。提供海洋旅游业发展的财税政策支持，鼓励民间资本参与海洋旅游项目的投资，吸引更多的投资者进入海洋旅游市场。加强基础设施建设，加大对海洋旅游基础设施建设的投入，包括港口、码头、航线等，提升海洋旅游的便捷性和安全性。三是加强宣传推广。加大对海洋旅游的宣传推广力度，提高海洋旅游的知名度和美誉度，吸引更多游客参与海洋旅游活动。加强宣传和教育，提高公众对海洋旅游的认知和理解，增强他们对规范化建设的支持和参与度。

（三）　加快标准化和规范化建设

广东沿海地区拥有丰富多样、文化底蕴深厚的海洋文化资源，这些资源为塑造海洋与旅游产业融合发展的产业体系提供了坚实基础。理想的产业体系应包含海洋旅游业融合项目的开发、资源的整合以及产品的规划等关键要素。一是推动制定统一的行业标准。建立健全海洋旅游行业的标准体系，包括服务质量、安全管理、环境保护等方面的标准，确保海洋旅游业的发展符合规范要求。二是加大监管和执法力度。加大对海洋旅游市场的监管力度，加强对从业者的培训和管理，严厉打击违规违法行为，维护市场秩序和消费者权益。三是持续提升服务质量。鼓励海洋旅游从业者提升服务质量，加强客户体验管理，提供安全、舒适、便捷的旅游服务，提高游客满意度。四是推广先进技术和管理经验。引进和推广先进的海洋旅游技术和管理经验，借鉴国际上的成功案例，提升我国海洋旅游业的管理水平和竞争力。五是加强行业协会组织建设。加强海洋旅游行业协会的组织建设，促进行业内部的交流与合作，推动行业标准的制定和实施。

二、优化产业结构和空间布局

（一）　优化调整产业结构

整合广东海洋资源是海洋与旅游业融合发展的关键步骤。一是完善对海洋文化旅游资源的梳理和体系建设。对海洋资源进行梳理和评估是实现海洋的价值功能和创新潜力的首要任务，也为后续构建海洋与旅游业融合的产业体系，推动产业转型升级奠定了基础。二是延长海洋文化旅游产业链。海洋文化产业可以充分利用旅游业的市场影响力，加强自身宣传。旅游业不仅能为海洋文化资源提供特色文化旅游产品，还能进一步丰富旅游产品形式，促进海洋旅游与渔业、文化、体育等领域融合。制作海洋文创产品，举办民俗节庆活动，将静态展示变为动态体验等，可以延长文旅产业链，增加产品吸引力，推动海洋旅游的可持续发展。

（二）　统筹协调空间布局

协调经济空间布局对于实现可持续的海洋旅游业发展至关重要。一是构建合理合作的分工体系。港珠澳江四地应该通过合作和合理分工，充分发挥各自优势。比如，江门和珠海拥有丰富的海滩资源和海洋旅游景点，可以发展度假型旅游；而香港和澳门可以侧重发展文化、购物和娱乐旅游，同时各自的国际航空和海运优势也可以带动更多游客到访。二是发展多样化旅游产品。港珠澳江四地在发展海洋旅游业时应注重多样性，不仅仅依赖于传统的海滨度假，还可以发展生态旅游、水上运动、海洋文化体验等各种旅游产品，满足不同游客的需求。三是共同推广和营销。港珠澳江四地共同举办海洋旅游节、海洋文化活动等，增加对海洋旅游的宣传力度，吸引更多游客到访。四是加强政策协调与合作。共同制定支持海洋旅游业发展的政策，提供更多的政策支持和优惠，为海洋旅游业创造良好的发展环境。通过合作、创新和政策支持，各方共同努力，推动实现海洋旅游业的可持续发展。

（三） 完善基础设施建设

在海洋与旅游业融合发展中，完善配套产业供应是至关重要的，旅游服务设施扮演着重要的支持角色。一是从海洋所在区域的整体风格、基础设施和旅游市场等方面出发，对游客接待中心、旅游餐饮、游乐设施、酒店住宿等配套设施的空间布局进行优化。二是加强景区的管理与维护，为海洋与旅游业深度融合和提质增效提供坚实的支撑，有效提升游客的旅游体验，促进海洋与旅游业的互动发展。三是改善交通和基础设施。协调好经济空间布局，需要改善交通和基础设施的互联互通。完善建设高速公路、铁路和港口等基础设施，提高交通便捷性，促进港珠澳江四地之间的旅游合作。

三、推进海洋科技创新和人才引培

（一） 持续强化海洋科技创新

坚持以创新驱动、科技引领为指导思想，汇聚国内外的创新资源。一是加快突破海洋领域的核心技术和关键共性技术。积极推动数字技术与海洋经济的深度融合，争取在世界海洋科技创新中占据制高点。不断提升海洋科技成果的转化能力，引导形成海洋新业态、新模式，构建一个创新型的海洋经济体系，为海洋经济的可持续发展提供更强大的支持，推动海洋产业的升级和转型。二是始终坚持保护与发展的双重目标。保护生态环境就是保护生产力，改善生态环境就是促进生产力发展。牢牢坚持人与海洋的共生关系，努力实现人与海洋的共同繁荣。遵循海洋生态的客观规律，在人与海洋共生的基础上，不断寻求最佳平衡点，实现共同发展。三是坚持陆海统筹的原则。从更大的背景出发，在坚守生态红线的前提下，将海洋生态保护与海洋经济发展有机结合起来。通过科学规划和有效管理，全面保护好海洋生态，实现可持续的海洋经济发展。四是推动文旅与科技企业的跨界合作。鼓励海洋旅游业与科技企业合作，推动科技创新在海洋旅游中的应用，提升游客体验和服务质量，健全跨学科海洋旅游人才培养体系，培养更多具备海洋旅游专业知识和技能的人才。

（二）加快海洋领域人才引培

以打造海洋科技创新人才高地为目标，采取更加开放的人才政策，面向全球引才聚才，优化人才培育和发展环境，加强人才支撑。一是强化海洋科技人才引育。海洋科技人才引育是重要任务，应实施海洋人才发展计划，并制定"海洋高精尖缺"人才引进目录。打造"领军人才＋产业项目＋涉海企业"模式，积极组建来自海内外的海洋产业领军人才团队，加快培养和引进海洋技术方面的领军人才。二是加快人才实践基地建设。推动海洋领域的院士工作站、博士工作站、博士后工作站和博士后创新实践基地建设，吸引更多高层次海洋人才来粤工作，放宽工作条件限制，并创新人才引进服务机制。三是推动创新人才的教育培养。支持加快建设高水平的海洋大学，支持中国海洋大学深圳研究院、哈尔滨工程大学深圳海洋研究院等建设。鼓励广东省高校增设涉海专业与学科，加快中山大学、广东海洋大学、南方科技大学等高校海洋学科的建设，并推进广州交通大学的筹建。四是加强高校海洋学科专业、类型、层次与区域海洋产业发展的协同发展，培养高水平的复合型海洋技术人才。大力发展海洋技术职业教育和非学历教育，鼓励校企合作设立海洋技术学院或产业研究院。通过地方和企业的支持，构建实习实训平台，探索产教融合途径，并建立海洋技术类人才储备库。

四、加强生态保护和可持续发展

（一） 持续加强生态环境保护

秉承"绿水青山即金山银山"理念，生态保护是确保海洋旅游业融合发展的前提。一是保护海洋生态系统。粤港澳大湾区拥有丰富多样的海洋生态系统，包括珊瑚礁、海洋动植物等。保护这些生态系统对于维持海洋生态平衡、保持海洋生物多样性和保护珍稀物种至关重要。构建以海岸带、海岛链和自然保护地为支撑的海洋生态安全格局，加强海洋物种和生态环境保护。二是维护海洋生物多样性。海洋是众多物种的栖息地，包括鱼类、海洋哺乳动物、海龟等。保护海洋生物多样性，尤其是保护濒危和受威胁物种从而维持生态平衡。三是避免海洋污染。强化城市间协作，减少港珠澳江四地海域来自船舶污染物、城市污水和塑料垃圾等各种污染，减少污染物对海洋生态系统和生物多样性造成的严重影响。四是减少破坏性旅游活动。加强行政执法监管力度，采取生态保护措施，对于可能会对海洋生态系统造成损害的行为，例如踩踏珊瑚礁、干扰海洋动物等予以惩戒，避免对海洋生态系统造成不可逆转的损害。五是实施海洋生态修复工程。提高海洋资源的节约集约利用水平，强化陆源污染物入海的控制措施，大力提升海洋生态系统的质量和稳定性。这些措施将有助于保护和恢复海洋生态，确保海洋资源的可持续利用。

（二） 推动海洋旅游业的可持续发展

海洋旅游业的可持续发展至关重要，因此要加强对旅游业的管理，避免因快速增长对海洋生态系统和环境造成负面影响。一是强化生态保护和管理。建立海洋保护区和海洋自然保护区，保护海洋生态系统的多样性和完整性。相关部门制订合适的管理计划，限制旅游活动对脆弱的海洋生态系统的影响。二是推广可持续旅游理念。通过宣传教育，提高游客和业内人士对可持续旅游的认识。鼓励游客采取环保行动，减少对海洋生态的破坏。三是促进社区参与。鼓励港珠澳江四地的社区组织加强联系合作，确保旅游活动对当地社区产生积极影响。支持和培训当地有意从事旅游业的居民，提高他们的收入水平。四是完善绿色旅游基础设施。推动环保型旅游基础设施建设，如节能减排的酒店、可再生能源供应、海洋垃圾处理设施等，减少对海洋环境的负面影响。五是推进严格监管与执法。建立健全监管和执法体系，严惩非法捕捞、污染排放和其他违法行为，确保海洋旅游业的合法、规范和可持续发展。六是加强国际合作。通过加强国际合作，各国共同推动海洋旅游业的可持续发展，共同保护全球海洋资源。通过以上措施的落实，确保海洋旅游业的可持续发展，实现经济、社会和环境的共赢。

第四章　广惠海洋油气化工产业融合发展案例研究

本章主要对广州和惠州在海洋油气化工产业融合发展的背景意义、合作现状，以及相关案例进行研究。首先，本章通过分析海洋油气化工产业的发展现状、研究意义以及广惠两地的合作基础，表明两地在该领域的合作可以实现资源配置优化，发挥各自的比较优势。广州在资金以及技术研发上具有优势，而惠州靠近南海，拥有丰富的油气资源，双方的合作可以带动上中下游产业一体化发展。其次，本章分析了广惠州两地在海洋油气化工领域合作的现状，以及两地融合发展的优势与特色、问题与不足，接着由此引出融合发展路径。最后，本章通过几个典型案例分析了不同地区在海洋油气化工领域的合作模式，为广惠两地的合作提供了经验借鉴。

第一节　研究背景

海洋油气资源是世界上重要的能源来源之一，化工产业是现代工业体系中的重要组成部分，研究广惠海洋油气化工产业融合发展，对于推动产业结构优化升级，促进资源的有效利用以及实现经济可持续发展具有重要意义。

一、海洋油气化工行业发展现状

（一）国内海洋油气化工产业发展现状

我国海洋油气资源主要生产集中在渤海、南海东北部和西南部等地区，以及南海、东海等大陆架浅水区域。南海东部是我国重要的天然气生产基地，目前珠江口盆地生产的天然气约占国内海洋天然气产量的一半。海洋天然气加工行业主要分布在广东、上海、浙江等沿海发达省市的经济技术开发区，形成了一定的产业集群效应。尽管我国的加工业技术水平有所提升，但高端产品比例不足，与国际先进水平存在一定差距，核心技术仍需进一步提升。目前我国离岸远海及深水区域的油气开发程度相对较低，深水开发的核心装备如采油平台、海底完井等方面制造能力不足，需要加大技术创新和自主研发。虽然国家出台了多项政策支持海洋油气产业，行业发展势头良好，但高端技术和人才缺口依然制约着行业的进一步发展。

（二）国外海洋油气化工产业发展现状

海洋油气资源是世界各国重要的能源来源，目前全球已有超过5万亿立方米的天然气资源被发现。主要产出国包括美国、挪威、巴西、英国、沙特阿拉伯和加拿大。美国是世界上最大的海洋油气产出国，主要生产地包括墨西哥湾深水区、阿拉斯加外大陆架深水区。挪威的主要海洋油气生产地为北海，水深在300~500米，日产原油约140万桶。巴西的主要生产海域为坎波斯盆地和圣埃斯皮里图州近海，盐层油气田资源丰富，日产原油约130万桶。沙特阿拉伯的主要生产海域为波斯湾和红海南部，水深较浅，日产原油约100万桶。发达国家拥有成熟的浮式生产设施和海底采油系统等装备技术，一般在深水开发技术方面处于领先地位。美国、英国和挪威等国拥有完善的大型海洋油气加工基地，产品种类齐全，技术水平高，大规模应用数字化探测技术和海底机器人等，提升勘探效率。发达国家的海洋油气化工领域整体实力领先，技术装备、管理经验和数据处理分析技术也处于领先地位，具备自主研发和制造专用开发装备的能力。

（三）广惠双城海洋油气化工产业发展现状

广州和惠州作为相邻的城市，在海洋油气化工行业发展方面具有协同效应。广州作为华南地区的经济与金融中心，可以为海洋油气化工行业提供融资、存储和运输等服务。而惠州临近南海，处于广东省发展海洋经济的重要战略地位，尤其在海洋油气开发上具有天然优势。此外，惠州市政府近年来也在大力支持海洋油气相关产业的发展，目前惠州拥有一定的海洋油气化工制造业基础。因此，两地在油气运输与销售、技术研发、人才培养和金融服务等方面可以实现良好配合。

1. 产业结构分析

海洋油气化工产业的上游包括勘探开发部分，涵盖海洋油气的勘探开发、装备制造以及勘探开采服务。海洋油气可以细分为海洋石油、天然气、海洋页岩气、煤层气和海底可燃冰等。中游为储存运输部分，包括海洋油气的运输服务、管道及储罐的生产以及管网的建设。下游为炼化部分，包括海洋油气的炼制与销售、海洋油气化工产品的加工以及海洋油气工程的建设。

广州作为中国主要的石油进口基地之一，拥有华南地区最大的油库群。广州油库的储存能力达到千万吨级，能够保障包括海洋油气在内的进口原油及成品油的接收、存储和分配，是海洋油气化工产品的集散中心。并且广州靠近主要的消费市场，拥有发达的油气加工产业，拥有华南地区如今最大的现代化石油化工企业——中国石油化工股份有限公司广州分公司（简称"广州石化"），是海洋油气加工与深加工的中心，总体处于产业链的中下游部分。广州地区规模以上油气化工码头和储库信息见表4-1。

表4-1　广州地区规模以上油气化工码头和储库信息

油库名称	总库容/万立方米	泊位数量和等级	备注
粤海（番禺）石油化工储运开发有限公司	36.7	3.5万吨级泊位1个，1.5万吨级泊位1个，500、1 500、3 000吨级泊位各一个	南沙小虎岛主要由中石化使用，为轻油储存
广州番禺南沙BP油库	36.3	共9个泊位，最大8万吨级	
泰山油库	41.0	8万吨级泊位1个	

（续上表）

油库名称	总库容/万立方米	泊位数量和等级	备注
南沙中石化储备库	30.0	8万吨级泊位1个	主要储存轻油、航煤等
广州鸿业	76.5	8万吨级泊位1个，1 000~5 000吨级泊位2个	中石油控股70%
广东南华油库	6.0	3万吨级泊位1个	轻油为主，含少量燃料油

资料来源：根据公开资料整理。

惠州邻近南海油田，有较多的油气资源，是海洋油气生产和出口的基地。并且惠州已建成天然气接收站等相关设施，是海洋油气运输的重要节点，总体处于产业链上中游部分。随着中海壳牌乙烯一期项目的完工，惠州成为广东省第三大炼油化工中心。以中海油惠州石化有限公司（简称"中海油惠州石化"）为例，中海油惠州石化是中国海洋石油集团有限公司在广东省惠州市大亚湾开发区全资独立建设的最大炼厂，也是中海油系统最大的现代炼油厂。惠州石化的业务范围包括炼油产能和乙烯产能。

综合来看，广州与惠州在海洋油气产业链上既有重合的部分，也具备优势互补的效应，两者共同推动着广东省海洋油气化工行业的发展。广州作为进口基地和加工中心，惠州作为生产基地和加工中心，两者在产业链上形成了上、中、下游环节的完整配套，共同为广东省的海洋油气化工行业的发展作出贡献。

2. 区域布局分析

从区域布局的角度来看，广州地处珠三角的核心位置，具有便利的水陆交通条件和突出的地缘经济优势，是海洋油气加工业的核心城市。以广州石化为例，北靠广深高速，南连接广园快速路、广深铁路和黄埔港，拥有便捷的水陆交通体系，从而在海洋油气及化工产品运输方面具备显著的区位优势。惠州也是广东海洋油气开发的重点区域之一。惠州及其邻近海域存在多个天然气田，惠州油田群紧邻南海北部湾，是南海石油勘探和生产的重要区域之一，具体包括：惠州21-1、惠州26-1、惠州32-2、惠州32-3、惠州19-2、惠州19-3、惠州25-3及惠州32-5、惠州26-1N、惠州26-6。其中，惠州26-6油田是我国珠江口盆地自主勘探发现的最大油气田，油气层厚达400米以上，地质储量高达5 000万立方米油当量。

　　从油气运输的角度来看，惠州市拥有丰富的海岛和优良的港口资源，与石油化工有关的港口主要有惠州港与后海湾港区。惠州港设有多个专业化码头，多个多功能泊位可用于石化产品的中转运输。后海湾港区是惠州综合性海港和石化基地的核心港区，包括2个100万吨级原油泊位，满足大型油轮的接靠要求，并规划建设惠州综合性海港、石油化工基地及深水港区。其中，马鞭洲原油码头位于惠州大亚湾马鞭洲岛，是华南地区原油中转最大的原油码头之一，也是中海壳牌、中海油惠州石化的原油基地，用于海运原油的接收与转运。惠州的这些港口资源有利于大规模海洋油气资源的运输与接收，全部原油可通过管线转运至中海油惠州石化的加工装置。

　　惠州也是广东天然气生产基地，惠州港、后海湾港区的深水岸线也可用于LNG的运输与接收，将石化产品快速销往广州、珠三角地区乃至亚太地区。目前正在建设的LNG接收站项目是国家石油天然气基础设施重点工程，建设内容包括LNG储罐以及相关的接卸、气化和外输等配套设施，LNG船舶的接卸泊位等，项目建成后将进一步提升惠州的天然气生产和运输能力，为地区经济发展和供应链提供有力支持。

　　3. 政策关联分析

表4-2　广州市海洋油气化工产业相关政策

时间	文件名称	主要相关内容
2022年8月	《广州市海洋经济发展"十四五"规划》	构建现代海洋产业体系，重点推动船舶与海工装备制造、海洋交通运输等海洋支柱产业形成新竞争优势
2022年9月	《广州市能源发展"十四五"规划》	积极推进能源结构优化，坚持控煤、减油，坚持增加天然气、非化石能源、输入清洁电力。推进天然气基础设施公平开放，协调本地燃气经营企业获取珠海金湾、深圳大鹏LNG接收站的股东方代加工及储备份额，推动珠海金湾LNG接收站接入广东省天然气管网。推进天然气区域枢纽建设，积极争取广东省天然气市场服务中心在广州落户。推进油气输送管道完整性管理等工作，结合工作实际定期更新风险点危险源台账、高后果区台账、隐患台账，明确具体管控、整治措施

（续上表）

时间	文件名称	主要相关内容
2023 年 8 月	《广州市工业和信息化局关于开展有关人才专项项目榜单推荐工作的通知》	推动企业进一步提升技术创新能力和核心竞争力，夯实建设粤港澳大湾区高水平人才高地基础，支撑制造强省、制造业立市建设。在海工装备领域，围绕海上浮式风电、海洋可燃冰开采、海上风电机组、深海渔业装备、深海油气装备、LNG 装备、海水淡化装备、海洋科考船、高压临氢急冷炼化装备等领域，突破一批关键技术和零部件配套

资料来源：根据公开资料整理。

表 4 - 3 惠州市海洋油气化工产业相关政策

时间	文件名称	主要相关内容
2017 年 4 月	《惠州市人民政府关于促进海运业健康发展的实施意见》	发展液化天然气动力运输船队，推进液化天然气加气站规划布局和建设，推广船舶使用液化天然气和新能源。建设绿色港口。重点做好电能替代、液化天然气应用、耗能设备淘汰、防风抑尘网建设、油气化工码头油气回收治理和船舶污染物接收能力建设等工作。到 2020 年，惠州市港口率先实现绿色化
2020 年 4 月	《惠州市沿海经济带综合发展规划（2020—2035 年）》	加快发展石化产业，推进埃克森美孚惠州乙烯项目、中海壳牌惠州三期乙烯项目、恒力集团惠州项目等重大项目建设。按照"整体规划、分步实施、重点开发、合理布局"的思路，依托现有的炼油、乙烯产业基础，向下游延伸产业链，规划布局一批高端化工新材料项目，初步建成世界一流的绿色石化产业集群和基地。加快推进 LNG 接收站建设，规划建设 LNG 储运集散中心

（续上表）

时间	文件名称	主要相关内容
2021 年 5 月	《惠州市海洋经济发展"十四五"规划》	推动沿海石化产业发展，发挥大亚湾石化区引领示范作用，打造世界级绿色石化产业高地。重点项目建设方面，要稳步推进恒力（大亚湾）PTA 项目、埃克森美孚惠州乙烯项目、中海壳牌惠州三期乙烯项目等一批大型油气化工项目建设。到 2025 年，形成 2 200 万吨炼油、220 万吨乙烯的产业规模。产业链方面，规划提出要延长石化产业链，发展涂料、高性能树脂、特种橡胶、石化深加工等产品，提高产业链精深度。技术创新方面，规划提出要加大对石化节能环保与装备的研发力度，开发生产涂料、乳液、高性能树脂等石化深加工产品。园区建设方面，规划提出以"一心一核两翼"的总体布局加快建设环大亚湾新区，重点规划恒力石化 PTA 项目等，形成世界级绿色石化产业集群。相关配套方面，规划提出要建设液化气深加工项目，以及天然气发电项目等，为石化产业提供能源支撑。同时建设多个石化专用码头，保障石化产品海运需求

资料来源：根据公开资料整理。

　　以上政策文件体现了广州和惠州近些年在海洋油气领域发展的重要指示，其中政策重点集中在强化海洋油气的储存与运输、推动绿色发展以及扩大开放合作。石油化工作为广州市和惠州市的重要支柱型产业，近些年广州市和惠州市政府一直在大力推动海洋油气化工行业的发展，目标是通过发展沿海油气化工产业，重点推进一批大型项目建设，延伸产业链，提升技术创新能力，建设配套基础设施，等等。广惠两地在地理区位、交通运输、资源技术等方面的优势形成了互补，为推动海洋油气化工产业融合发展奠定基础。

二、海洋油气化工产业融合发展的意义

（一）　经济发展的意义

广州和惠州两地的海洋油气化工产业的融合发展具有重要意义。一是广州在资金和技术方面具有优势，而惠州拥有丰富的海洋资源，两地合作可以实现资源优势互补，降低项目开发的成本。二是广州和惠州合作规划与建设海洋化工园区、深水港口和管道等基础设施，可以实现资源共享，发挥规模经济效应，降低基础设施建设的人均成本。三是广州和惠州合作增加的项目可以创造大量就业岗位，吸引两地和周边地区的人才与资源，促进区域协调发展。四是广州和惠州海洋油气化工产业的发展也将增加两地的税收收入，用于改善民生和投资基础设施，带动区域经济发展。

（二）　社会发展的意义

广州和惠州两地海洋油气化工行业的融合发展对于提供稳定的能源安全保障和社会稳定运行具有重要意义。合作开发和加工更多海洋油气资源，生产更高质量、更多品类的化工产品，不仅可以显著提高两地乃至全国的油气供给能力，满足工业、交通等领域的能源需求，还可以使得两地的化工产品更好地满足市场需求。

（三）　环境保护的意义

广州和惠州两地海洋油气化工产业的融合发展可以通过合作避免重复建设和不合理配置，提高资源利用和开发效率，实现资源的节约和可持续发展。在合作的过程中，广州和惠州可以推广清洁生产技术，提升企业的环境保护意识，减少资源浪费和生态破坏，从而推动绿色可持续发展，这不仅有利于海洋资源的保护和可持续利用，也有助于保护生态环境，符合环境保护的整体发展方向。

三、研究的目的和必要性

（一） 研究的目的

本研究旨在探讨广惠两地海洋油气产业的融合发展对资源配置的优化和比较优势的发挥的影响。一是广州在资金和技术研发方面具有优势，而惠州等地靠近南海，拥有丰富的海洋油气资源。双方合作可以实现最佳资源配置，发挥各自的比较优势，从而降低开发成本。二是广惠两地的融合发展可以推动上中下游产业一体化发展，依托广州的技术创新能力和惠州的资源禀赋，可以联动上游的海洋勘探、开采环节，以及中下游的加工改造、销售环节，形成完整的产业链。三是依托在海洋油气化工领域的合作成果，广州和惠州在国家海洋经济发展战略中的地位将进一步提升，在产业政策制定中的影响力也将增加。

（二） 研究的必要性

广惠两地在海洋油气化工行业的融合发展对促进当地就业具有重要意义。一是合作项目在广州和惠州吸引更多劳动力就业，同时也会带动周边地区形成人口聚集效应。二是融合发展有助于促进地区间要素流动，推动周边地区协调发展，形成增长极。三是两地的融合发展将显著提升相关企业的利润规模，增加纳税收入。四是两地的融合发展可以加快勘探、开采、海洋工程、环保等技术的研发进度，并通过项目应用实现技术转化，快速形成产业化。五是两地的融合发展对于提升广东省海洋油气化工产业的整体核心竞争力，具有重要的现实意义和发展潜力。

第二节　现状分析

一、广惠海洋油气化工行业融合发展的优势与特色

惠州与广州油气化工基地存在合作空间，惠州油气化工基地可优先供应部分石化原料与初级油气加工品给广州基地，帮助提高广州基地的加工效率。广东省

五大油气化工基地情况见表 4-4。

表 4-4　广东省五大油气化工基地情况

油气化工基地	产业规模
广州油气化工基地	综合加工原油 1 320 万吨/年,生产乙烯 22 万吨/年。主要经营合成树脂深加工、化工新材料
惠州大亚湾油气化工基地	炼油能力达到 4 000 万吨/年,乙烯产量 500 万吨/年,油气化工产值约 3 000 亿元
茂名油气化工基地	年炼化能力超过 2 000 万吨/年,乙烯产量 110 万吨/年。生产高质量成品油、润滑油、溶剂油、有机原料、合成树脂、合成橡胶
湛江油气化工基地	中国石油化工集团和科威特国家石油公司(1:1)合资的中科炼化一体化项目所在地,年加工原油 1 500 万吨,生产乙烯 100 万吨
汕潮揭油气化工基地	中委广东油气化工 2 000 万吨/年炼化一体化项目建设项目于 2018 年底正式启动,该项目使得该基地成为国内加工高硫、含酸、重质原油的世界级炼化基地

资料来源:根据公开资料整理。

(一) 广州的优势

广州油气化工基地的原油加工能力约为 1 320 万吨/年,乙烯产能为 22 万吨/年,主要用于合成树脂和新材料生产。广州石化前身为石油化工总厂,成立于 1973 年 6 月,是华南地区重要的进口原油加工基地和国家 Ⅵ 标准清洁燃料生产基地。主要产品为柴油、汽油、液化气,化工产品包括聚苯乙烯、聚乙烯、聚丙烯三大类。经过近些年的发展,广州石化目前的原油综合加工能力为 1 275 万吨/年,乙烯生产能力为 22 万吨/年,拥有两个大型深水原油码头。2021 年全年加工原油 1 171.81 万吨,生产乙烯 20.62 万吨,实现利润 27.34 亿元。广州油气化工基地更侧重于石化产品的加工和深度加工,其产品销售网络能够覆盖整个华南地区,有利于产品的销售和应用以发挥其区域经济作用。

(二) 惠州的优势

惠州大亚湾油气化工基地是规模最大的油气化工基地之一,其炼油和乙烯产能均位居领先地位。乙烯工业作为石油化工产业的核心,乙烯产品总量占石化产品的 75% 以上,在国民经济中占有举足轻重的地位,被誉为"石化工业之母"。以乙烯生产为例，随着中海壳牌在惠州大亚湾石化区投资的乙烯项目陆续完工投产，惠州的油气化工产品生产能力得到了空前提高。中海壳牌乙烯一期于 2006 年投产，包括 24 万吨聚丙烯、30 万吨全密度聚乙烯、100 万吨/年乙烯、15 万吨低密度聚乙烯等 11 套装置。二期总投资 228 亿元，包括 120 吨/年乙烯装置、18 万吨/年丁二烯装置等，这些项目采用多项国内外领先技术，包括壳牌公司的 OMEGA、SMPO 和聚醚多元醇等专有技术，以及先进的聚烯烃、苯酚和羰基醇生产技术。三期于 2020 年签订战略合作框架，以 160 万吨/年乙烯裂解装置为核心。其乙烯项目将再增加 160 万吨/年乙烯能力，届时中海壳牌乙烯总能力将达到 380 万吨/年，将成为国内乙烯行业的领军者。不仅仅有量的提升，更有质的突破。三期项目共有 14 套世界级生产装置，其中线性 α 烯烃和高碳合成醇等装置首次在国内引进了壳牌的专有技术。同时，壳牌还使用其新型独家专利技术生产聚碳酸酯，这在全球范围内也是首次应用。此外，惠州石化正加大新产品开发和推广力度，将乙烯裂解原料、船用燃料油、混合碳四、润滑油等产品投放市场，产品种类日益丰富。

二、广惠海洋油气化工产业融合发展的问题与不足

（一）广州海洋油气化工的配套基础设施和支持不足

一是广州海域面积有限，岸线人工化程度高，可供开发利用的深水岸线资源短缺，急需向深远海拓展蓝色空间。二是广州的黄埔港和黄埔涌港水深仅 10 ~ 15 米，无法供大型油船与化学品船停靠和作业。大型海洋油气化工项目需要具备万吨级以上的深水港口、成套的转运设施和充足的堆存空间。三是码头泊位和装卸设施不足，大型油气化工项目需要的原油、石化产品的大规模转运与储存无法满足。四是广州正在加快推进石化产业转型升级，正在加快淘汰部分对环境污染较大的石化产品。

（二）广州与惠州在海洋油气化工相关产业链不完善

一是缺乏能为海洋油气化工提供关键设备、材料、系统集成等高端支持的企业，也没有形成完整的研发创新链，缺乏大型的船厂和船坞来维修、保养专门服务于海洋油气开发的工作船、试油船等。二是海洋产业链、供应链和创新链融合

不够，科技创新成果转化能力不足，经略海洋的能力有待进一步提升。部分支柱产业缺乏龙头带动，新兴产业未形成规模优势，创新型海洋高新企业不多，转化效益不强。保障海洋经济高质量发展的体制机制也有待进一步完善。

（三）　广州与惠州深水油气技术和研发不足

以深水油气开发装备为例，作为开发海洋油气、建设海洋强国的国之重器，深水油气开发装备为部分欧美国家（美国、挪威等）所垄断，世界海洋工程装备的研发、设计和绝大多数关键配套设备技术都由国外先进企业掌握。近年来，我国的海洋油气装备取得了一系列突破，正在实现面向超深水的跨越，但仍然存在一定的不足。根据 Global Data 统计数据，2018—2025 年全球油气投资总额将达到12 510 亿美元，其中超深水区投资 4 290 亿美元，占 34.3%；深水区投资 3 250 亿美元，占 26.0%；浅水区投资 4 970 亿美元，占 39.7%。超深水区和深水区投资合计超过 60%。这表明全球油气开发的重心正在向深水区和超深水区转移，对我国海工装备的技术水平提出了更高要求。

广州目前主要依靠陆上已探明的小型油田和气田进行开发，主要集中在初级勘探阶段。技术上面临着深水海域地质结构复杂、作业条件苛刻等问题，深水钻采、建管等核心技术有待提高。海洋石油工程处于起步发展阶段，中国海洋石油总公司旗下的海洋石油工程股份有限公司是唯一具有"整装"服务能力的代表企业，国内 80% 以上的海洋工程都是该公司总承包建造，但与国际知名的海洋工程企业相比，无论是公司规模、装备能力、技术水平还是项目管理水平，都存在一定的差距。

惠州市的深水油气开发水平同样稍显滞后，深水油气勘探、开发能力仍然相对处于初级水平。技术上还没有完全掌握惠州近海深水区域的地质结构特征，钻井、开采等深水作业条件也颇为复杂。技术进步有待提升，近海深水油气资源勘探利用水平也有待提高。

（四）　广惠两地海洋油气化工领域人才较为缺失

海洋油气化工是一项高端产业，需要大量熟悉海工、管道、采油等专业知识的复合型人才。然而，广州和惠州的专业教育与人才培养体系在这一领域还不完善。以深水作业为例，拥有一支成熟的深水钻探作业队伍和能够独立支配、操控一整套深水钻井装备，并能独立承接深水钻探项目，是企业深水工程能力取得实质性进步的重要标志。目前，广州和惠州均未建立起自己的海洋石油钻探公司，也没有形成规模化的深水钻探作业队伍。

（五） 环境保护评估压力日益加剧

广州作为全国一线城市，常住人口超过 1 800 万，环境容量有限，大规模的海洋油气化工项目建设受限于土地空间和环保压力。油气开采、管输和加工过程中会排放温室气体，产生废水、废气等污染物。对于惠州而言，新建大型油气化工项目也将面临较大的环境评估压力。在如今环保要求日益严格的情况下，广惠两地的海洋油气化工项目运作必然会面临重大压力。

三、广惠海洋油气化工产业融合发展的路径

（一） 联合构建人才引进与培养机制

培养和吸引海洋油气化工领域的专业人才对于两地合作发展至关重要。广州和惠州可以合作开展培训项目，促进技术交流和经验分享。首先，两地可以实施相关人才发展计划，制定海洋油气化工行业"高精尖缺"人才引进目录。按照"产业项目＋领军人才＋涉海企业"模式，积极组建海内外海洋产业领军人才团队，加快培养和引进海洋技术方面的领军人才。建设海洋领域院士工作站、博士创新实践基地，大力聚集海洋高端人才，放宽外籍高层次海洋人才来粤工作条件限制，创新人才引进服务机制。其次，支持广州与惠州加快组建高水平海洋大学，支持两地高校增设海洋油气化工专业与学科，推动中山大学、广东海洋大学和惠州学院等高校加快建设优势海洋学科，加强高校海洋学科专业、类型、层次与区域海洋产业发展的动态协同，培养高水平复合型海洋技术人才。大力发展海洋技术职业教育和非学历教育，鼓励校企合作设立海洋技术学院或产业研究院。依托地方和企业构建实习实训平台，探索产教融合途径，建立海洋技术类人才储备库。由广州海洋地质调查局、中国科学院广州能源研究所、中国科学院南海海洋研究所、中山大学等广州科研院所带头开展海域天然气水合物勘查、试开采和理论研究，培养相关方面的人才。

（二） 建立长期应急管理互动机制

海洋油气开发、储存与运输都存在一定的风险，包括事故、泄漏等。为了确保在意外事件发生时能够及时作出有效的应对，广州和惠州需要建立完善的风险管理和应急响应机制。例如，可以建立专门的原油运输与原油互供制度。以 2021 年 9 月的"里拉"和"奥林匹克夫人"两艘油轮为例，广州石化和中海油惠州炼化分公司通过深入沟通和协调，成功解决了靠泊条件和滞期问题，节省了大量成本。另外，在 2019 年 9 月的沙特原油受袭事件后，广州石化与惠州石化协调进行了原油换油的通关放行，最终成功实现了原油互供。这些例子表明，建立专门的原油运输与互供制度可以降低沟通成本，使多方受益。

（三） 加快核心装备制造领域突破

一是增强高端海洋工程装备的研发、设计和建造能力。推动向中高端海洋工程产品和项目总承包转型，加快形成产值超过千亿元的海洋工程装备制造产业集群。加快突破自主可控的深远海油气独立开发关键技术装备，重点突破 FLNG 液化、存储、外输装卸等核心装备（用于气田）和深水 FPSO 装备（用于油田）。加强对悬浮式生产平台（TLP）、圆筒形 FPSO、深远海保障平台、深水大型多功能施工船等新型浮式装置的技术攻关，打造能够适应南海开发的不同需求的深水开发舰队。解决深远海回接距离远的问题，攻克水下分离器、水下多相泵、水下压缩机、深水智能集输管网等关键设备。

二是探索共同设立制约海洋深水油气田开发的关键设备和"卡脖子"技术重大专项。加大原始创新力度，重点开展深水工程所需的原材料、核心元器件、关键核心装备的自主研发。加快开展水下生产系统关键设备国产化应用、浮式设施配套关键设备的研发，推动深水浮式设施配套关键设备的自主研发。加强深水工程关键设备和产品所需的原材料（低温材料、抗腐蚀材料、抗高温和高压材料等）和核心元器件的自主研发，推动国产化和产业化应用。

三是推动实现 FLNG 等深海高端装备和深远海天然气的独立开发。完善配套政策支持，加大资金投入，鼓励相关企业积极推动技术和装备的进步，支持 FLNG 关键技术和核心装备的研发，做好后续示范应用储备。重点突破紧凑式预处理设备、液化工艺包、液舱维护系统、单点系泊装备、外输装备、低温设备及材料等核心设备和材料，尽早实现自主可控的关键技术装备能力。

（四） 共同培育现代海洋油气化工产业集群

根据党的十九大的战略部署，培育现代产业集群已成为重要任务之一。我国海洋油气化工产业已建立大型石化基地和专业化工园区，为培育现代产业集群奠定了坚实基础。根据发改委与工信部发布的《关于做好"十四五"园区循环化改造工作有关事项的通知》，遵循"横向协同、纵向扩展、循环链接"的原则，政府应加大对石化基地和化工园区的循环化改造力度，以促进产业的循环协同组合，提高资源产出率。广州和惠州两地政府共同打造海洋油气化工产业园区，吸引相关企业入驻，形成产业集聚效应。通过合作建设产业园区，提供更多投资机会和创业环境，促进产业链的完善。依托惠州的乙烯等基础化工产能，广州可以发展PE、PP等下游产品生产，打造石化产业集群。同时，也可合作开发高端石化新材料、绿色石化等领域。

（五） 加强政策对行业规范引导

一是要严格控制高载能和高碳排放产品的产能总量，完善产能准入和退出机制，加快淘汰落后产能和清理过剩产能。二是要加大对低碳技术在海洋油气化工领域的研发和推广应用，以提高能源利用效率，降低单位产品碳排放量。三是要科学规划区域能耗，并根据地方实际情况科学制定"双碳"目标推进计划，以保障国家产业链和供应链安全。四是要推进油气化工企业智能化建设，数字化和智能化的推进将提高效率，降低生产过程的碳排放，形成智慧物流与仓储，促进生产运行、经营决策和知识管理智能化，推动海洋油气化工行业高质量发展。

（六） 协调推进海洋油气化工领域的管理制度

海洋油气化工行业的城市间合作涉及各个领域，从开发、运输到炼化、销售，几乎覆盖了整个海洋油气化工产业链。在开展海洋资源保护利用方面，可以由广东省政府牵头发挥协调作用，促使广州市和惠州市政府共同制定有关海洋油气和化工的政策法规，并确保其一致性。政府完善财政支持，鼓励企业进行技术创新和标准制定，推动产业发展；随着油气化工行业的不断发展，鼓励大型综合一体化石油公司发挥其先进的技术、雄厚的资金支持和完善的管理体系优势，跨越国界开展经营业务；积极吸引外资或与国际企业合作，补齐技术方面存在的短板，共同开发本国的海洋油气资源；推动海洋油气化工行业合作，共同实现业务发展目标。

第三节　案例分析

一、强化技术资源要素的互补合作

（一）案例概况

1. 挪威和英国在北海油田的合作

北海拥有丰富的油气资源，其海底石油储量仅次于波斯湾和马拉开波湾，位居全球第三。20世纪60年代初，挪威在北海发现了丰富的油气资源，但当时挪威在离岸海上油田开发方面经验不足，而英国的技术实力雄厚且迫切需要能源。于是两国展开合作，共同开发北海油田。1962年，挪威和英国签署了互助合作开发北海煤油资源的政府协议，标志着两国之间的合作正式开启。随后，英国石油公司BP与挪威国家石油公司Statoil携手开展油田勘探工作。经过不懈努力，1965年在北海发现了具有商业开发价值的、巨型的埃克福德油田。为了开发埃克福德油田，挪威和英国企业又建立了"埃克福德合作组织"，着手油田的开发建设工作。1975年，埃克福德油田正式投产，其高产量对两国经济起到了重大作用。两国继续扩大在北海的合作范畴。进入21世纪，尽管北海油气资源趋于衰竭，但挪威和英国在油田开发技术、海洋环保等方面的合作仍在持续，在北海主要油田的集中海域，新建了许多新的输油管道、石油终点站和油港。挪威和英国企业在长期合作中，为适应北海复杂的海洋环境，在海上钻井平台、海底采油技术等方面进行了大量技术创新，如建造可在恶劣海况下作业的半潜式钻井平台，解决了北海风浪、暴风雪等极端气候对开采的影响。北海油田的高产量和技术创新，大大刺激了两国的经济增长。英国通过出口设备和技术服务，获得可观的经济效益。挪威通过石油出口，建立了世界上最大的主权财富基金，为国家未来发展提供了保障。

2. 加拿大的圣约翰斯和哈利法克斯合作

20世纪70年代，世界第二次石油危机暴露出加拿大过于依赖进口石油的风险，加拿大迫切需要利用国内资源。加拿大在纽芬兰与拉布拉多近海发现了丰富的深海油气资源，但当时加拿大在离岸海洋钻采方面经验不足。为确保海洋油田的高效开发，决定由东部的圣约翰斯和东南部的哈利法克斯进行合作。圣约翰斯靠近纽芬兰与拉布拉多海洋油田，拥有炼油和海运业优势；哈利法克斯作为加拿大东部的金融和航运中心，在油气项目的融资和管理方面提供支持。当时圣约翰斯和哈利法克斯正面临产业转型，合作开发油气资源可以带来就业机会。当时1977年，圣约翰斯和哈利法克斯两地的企业组建了海洋钻探公司，着手开发纽芬兰希布尼亚海洋油田。圣约翰斯方提供了海洋工程和运输方面的支持，哈利法克斯方提供了船台建造和钻机维护等服务。经过10多年的努力，希布尼亚海洋油田于1997年正式投入开采和生产。此后又相继开发了特拉华海洋油田等资源。圣约翰斯—哈利法克斯的合作被誉为"加拿大工业史上的杰出例子"，双方利用各自的地理和技术优势，通过持续的协作与交流，不断取得新突破，成为加拿大海洋油气开发的主力军。此合作使纽芬兰的油气资源得以有效开发，两城市都从中受益。

（二） 主要结论和启示

1. 主要结论

海洋油气化工开采合作主要发生在海洋油气资源丰富的城市与高油气需求城市之间。早期，像挪威这样油气资源丰富的城市往往在资金、技术和管理等方面存在欠缺，如果单独开展复杂的海上油气开采工程，既缺乏技术保障，也面临巨大的资金风险。相比之下，一些工业化程度更高的发达地区，因早期涉足海洋油气开发，已经积累了丰富的实践经验，拥有更加先进的海上钻井技术设备、雄厚的资金实力和先进的管理体系，这些都是开发海洋油气资源所必需的条件。因此，资源丰富城市与技术先进城市进行区域合作开发海洋油气，可以发挥各自的比较优势，实现资源与技术的有效整合。资源方提供油气田，技术先进方提供设备、人员、资金与管理经验，共同应对海洋开发存在的风险与挑战。这种优势互补的区域合作模式，可以集聚资源和要素，确保海洋油气资源安全、高效、环保地开发利用。其中，挪威和英国在北海合作开采的成功典范，就是这种模式的杰出代表。

2. 启示

这两个例子表明，首先，海洋油气资源的开发需要强大的技术实力与丰富的实际经验。挪威和加拿大当初都面临技术经验不足的问题，需要通过与先进地区的优势互补合作来弥补短板、实现共赢。区域合作可以发挥各自的比较优势，挪威提供资源，英国提供技术；圣约翰斯提供海工和运输能力，哈利法克斯提供融资和管理支持。不同地区城市根据各自条件与特点进行战略合作与交流，实现规模化协同开发海洋资源，这不仅使双方获得了填补单独开发缺口与减少风险的实际效果，也让双方都从中获得可观的共享发展效益，充分体现了区域联合的重要意义。其次，各地开展的海洋油气合作还需要加强产学研深度协作与人才培养，提高自主创新能力，避免过度依赖单一外部技术输入。区域内企业、高校与科研院所统筹区域优势与需求，合作开展技术攻关与成果转化，培育懂技术又明管理的复合人才，在提高资源开发利用率的同时，也要考虑经济社会和环境的协调可持续发展。最后，未来的合作也需要更加注重安全性与生态文明理念。除争取更高的资源开采收益，各方还需建立健全的环境风险评估与管理体系，采取有力措施减缓开发对生态环境的影响，确保社会责任与企业效益的平衡，实现油气资源开发与海洋生态保护、区域可持续发展的统一。

二、开发运输型合作

（一）案例概况

1. 澳大利亚东西海岸液化天然气项目的合作

2009 年，雪佛龙（Chevron）Gorgon 液化天然气项目正式受到西澳大利亚州政府的批准，该项目是全球最大的天然气项目之一，设计年产能达到 1 560 万亿吨 LNG。Gorgon 项目位于西澳大利亚州，是目前世界上最大的天然气处理和液化天然气生产项目之一。Gorgon 项目的提议最早可以追溯到 20 世纪 90 年代初，但经过长期的规划和评估，到 2005 年才正式启动。项目选址在巴罗岛上，那里气候干燥，较易建设大型液化设备。另外，岛上天然气资源丰富，输送管道距离也较短。Gorgon 项目的三台液化设施各由不同的国际承包商负责建设，如日本伊藤忠、西班牙 Tecnicas Reunidas 等；液化模块由韩国现代重工制造。项目先期进行了大规模的岛上土木平整和加固海岸线的工程。运营公司是雪佛龙，还有埃克森美孚、壳牌、大阪天然气等公司参与。总投资额达 550 亿美元。Gorgon 项目的天然气资源主要来自 Greater Gorgon 气田，位于西澳大利亚州沿海约 130 公里的海域。项目产出的液化天然气主要通过管道出口，提供给东海岸的市场，特别是新南威尔士州和昆士兰州，这两个州的州政府和相关企业都参与了这一管道基础设施的规划与建设，如昆士兰柯蒂斯 LNG 管道连接巴鲁岛和昆士兰州格拉德斯通的液化天然气工厂。Gorgon 项目是澳大利亚跨州合作开发油气资源的成功范例，其成功得益于澳大利亚东西海岸政企之间的紧密协作与协调。

2. 挪威斯塔万格与荷兰鹿特丹两城市的能源合作

斯塔万格是挪威的油气中心，拥有油气公司和技术；而鹿特丹作为荷兰的第一大港口，是重要的能源运输和贸易中心。两城市存在很强的互补效应，在天然气等能源领域存在合作。斯塔万格提供挪威的油气资源，鹿特丹负责运输和向欧洲市场的分销。2007 年，挪威天然气公司 Gasnor 与荷兰天然气基础设施公司 Gasunie 签署协议，将斯塔万格产出的天然气通过管道运送到荷兰。2009 年，连接两地的 Europipe Ⅱ 天然气管道正式建成通气，极大增强了斯塔万格天然气输出能力。这条管道全长约 670 千米，每年可为荷兰提供约 150 亿立方米天然气。它有效地把北海的天然气资源与荷兰的市场需求连接起来，不仅满足了荷兰对天然气的巨大需求，也给斯塔万格天然气开发带来革命性变化。这条管道被视为两国能源合作的典范，深化了挪威和荷兰在天然气领域的合作。此外，两国的企业还在技术和项目开发等方面展开合作，共同推动北海油气资源的开发利用。斯塔万格拥有斯塔托伊尔、挪威油田服务等知名国企，以及先进的海上钻井平台；鹿特丹除了是荷兰最大的港口，还是重要的欧洲能源集散中心，拥有庞大的储运设施。两城市围绕北海油气资源开展上下游合作，斯塔万格负责开发，鹿特丹负责接收、储存和运输。两地公司还在油气开采技术、海底管道建设等方面开展合作，荷兰提供资金支持，挪威提供技术支持。政府鼓励两地企业合作成立合资公司，共同开发北海油气田。两国的相关部门也有定期交流。

（二）主要结论和启示

1. 主要结论

澳大利亚新南威尔士州与昆士兰州合作开发西澳大利亚的液化天然气资源，存在明显的战略互补效应。合作基础主要体现在以下几个方面：一是地理位置彼此匹配。Gorgon 等大型液化天然气项目位于西澳大利亚州沿海，而人口稠密的新南威尔士州与昆士兰州则分布在澳大利亚东部，三地之间可以建设管道进行连接，管道距离较短使运输成本更低。二是东部各州对天然气资源的市场需求旺盛。以人口大州新南威尔士州为例，其首府悉尼周边地区不仅有大量居民用户，还集聚了大型的炼油与石化企业，对天然气资源有持续增长的消费需求。三是澳大利亚东部本身的天然气资源较西澳大利亚州匮乏，无法满足东部地区的用气需求，亟须通过管道输入西澳的资源。该管道运输可以实现资源的有效配置与合理利用。四是昆士兰州靠近出口市场，可将液化天然气通过船运出口至亚洲地区，拓展了资源开发的下游应用空间。而挪威斯塔万格与荷兰鹿特丹的合作，也主要依托双方在油气资源、运输设施、市场分布等方面的区位优势与高度互补性。挪威方面拥有丰富的油气资源，荷兰方面则靠近欧洲主要用气国家，依托自身雄厚的港口、管网和运输能力，可以高效地实现油气资源的接收与分销。

2. 启示

第一，与陆地石油开发截然不同，海洋油气资源勘探在技术、资金、人员等方面都有很高的要求，并且后者需要各项跨学科的综合技术，涉及的技术面很广。海洋地质条件复杂，地质结构探明难度大。海底岩石类型复杂，地层变化多端，不利于油气聚集，水下作业条件极其困难，普通装备难以适应大水深挑战。并且水压增大、作业精度降低等问题会制约工作效率。加上远离陆地支撑，又需建造海上平台或钻井船开采，作业成本大幅提高，投资和运维成本远超陆上。第二，油气化工基础设施是合作的重中之重，油气运输管道的规划和铺设需要各方密切支持配合，这是实现资源开发利用的物质基础。广州与惠州两地可以通过成立区域合作基金，支持重大共建项目建设及初期运营。资金可由两市政府配套，并吸引开发银行、产业基金等社会资本参与，帮助项目获得发展所需资金支持。第三，政企之间的紧密配合也至关重要。当今国际油气资源开发的合作模式主要是由资源国政府与外国石油公司之间达成的合作协议，而在很多资源丰富国家，海洋油气资源的开采权通常由国有石油公司代表政府执行。这种合作模式可以最大程度地降低国有企业在运营管理上的低效问题，从而提升国有企业在国际市场上的综合竞争力。此外，如果需要进行跨国合作，可由政府牵头鼓励两地成立合资公司，解决技术、资金和管理等方面的问题。

三、资源与人才输送合作

（一）案例概况

东营与吉林合作开发东营海洋油田。20世纪70年代末，山东东营海域发现了丰富的石油资源，但当时中国在海洋油田开发方面严重缺乏经验。为确保东营油田的顺利开发，我国决定由东北大庆油田与东营油田合作开发。1982年，东营海洋油田勘探队伍完成组建，开始进行油田勘探工作。但技术瓶颈很快显现，需要引进大庆油田的专业支持。1983年，大庆油田管理局选派300多名技术工程人员组建东营海洋石油指挥部，进驻东营油田现场进行技术支持。1985年，在大庆技术人员的帮助下，东营油田成功建造了我国第一个海上生产平台——蓝鲸1号平台。1986年7月，东营油田首次实现了海上原油生产，产量逐步增加。同年10月，东营油田的原油日产量超过了10万桶。1987年，东营油田的原油产量达到500万吨，基本实现产业化开发。在后续发展中，东营油田仍与大庆油田保持技术合作和交流，确保东营油田稳定高产。东营油田已成为中国最大的海洋油气生产基地。这项合作充分发挥了大庆油田的技术优势，也使东营油田顺利实现了从0到1的跨越。它展现了不同地区企业之间成功的合作模式，带来了互利共赢。东营提供油田资源，吉林则派遣技术人员支持油田建设，提供钻井等设备，实现了互利合作。东营企业与吉林企业也在油田开发中达成合作，加强了在技术和管理方面的交流。东营的部分原油输出至吉林地区的炼厂进行加工，提高了资源利用效率。

（二）主要结论和启示

1. 主要结论

东营与吉林两地合作开发东营海洋油田，主要体现在资源、技术、人才、管理和产业链协同等多个方面。具体而言：东营方面提供了丰富的海洋石油天然气资源，是合作的资源基础；吉林方面则选派了大批技术工程人员，提供了海上油田建设、钻井和开采等方面的技术指导，解决了东营当时自身经验不足的难题。在项目建设过程中，东营与吉林的相关企业加强了交流配合，签订了技术服务协议，在工程建设、设备安装、人员培训等方面进行合作，还在油田开发的管理和生产运营等方面开展技术交流，提供管理和经验支持。此外，东营将部分原油输出至吉林地区的油田企业，进行存储、运输和加工，形成了协同发展的产业链，提高了资源开发和精深加工的整体效率。可以看出，东营与吉林通过资源、技术、管理和产业链的有机衔接，实现了互利共赢、优势互补的战略合作，双方都获得了可观的经济效益与社会效益。

2．启示

第一，海洋油气资源的开发具有复杂性、资金密集性、技术要求高等特点，需要重点加强区域间产业链合作与交流。发达地区的企业可以向欠发达地区提供技术指导和装备支持，帮助其实现跨越式发展。如东营油田输出吉林炼厂，形成上下游协作，由此加深了合作内涵，给双方带来更大效益。第二，合作的双方都需要加大技术和管理人才培养与交流的力度，完善人才引进激励机制，合理配置人才资源。核心技术骨干需要实行产学研协同培养、定向使用、合理流动、稳定留存，确保项目建设和运营的持续性。第三，政府相关部门应该出台支持性政策，积极推动和引导区域企业开展这种战略性合作，推进企业之间形成战略合作伙伴关系，实现技术和人才的有效配置。成功的区域合作不仅对参与各方形成经济联动效应，也可以提高我国油气资源的开发效率，实现国家战略目标。

第四节　对策建议

一、构建政策协作机制

（一）推动政策的协调和合作

一是推动广州与惠州的优势互补。发挥广州在科技创新和高端产业的优势，以及惠州在区位、空间和土地要素等方面优势，共同推动实现利益最大化。二是强化广州和惠州的政策协同效应，提高彼此的科创和产业竞争力，推动海洋油气化工行业的高质量发展。三是建立合理的制度化机制。进一步创新政策，完善税收分成、共建项目产出分配等利益分配问题，建立收益共享和风险分担的合作模式。

（二） 加快标准化和规范化建设

一是加强沟通协调。广惠两地需明确各方在海洋油气资源开发利用和保护方面的权利义务，防止出现不正当竞争或资源浪费的情况，避免在合作过程中可能存在的区域保护主义。二是加快标准化和规范化建设。广州和惠州的企业应统一执行安全生产和操作规范，可以有效降低事故隐患和风险，确保人员生命财产安全；建立统一的环境监测标准体系，有利于评估和管控污染排放，改善环境质量；生产的油气化工产品达到统一标准，有利于提升国际市场竞争力和品牌影响力。三是建立长期应急管理机制。广州和惠州需要建立完善的风险管理和应急响应机制，如建立专门的原油运输与互供制度，降低沟通成本，提升应急处理能力，避免海洋油气开发、储存与运输的事故风险，确保在意外事件发生时能够及时有效地应对。

二、优化产业结构和基础设施布局

（一） 优化调整产业结构

广州与惠州可以共同规划建设广惠联合海洋油气化工产业园（简称"联合产业园"），吸引相关产业链上下游企业入驻。联合产业园的建设有助于降低两地的生产成本。广州和惠州地理位置接近，合作开发和共享海洋油气化工原料能够实现资源整合，降低勘探、生产和采购成本。联合产业园的建设，一是可以连接、延长两地的海洋油气化工产业链，形成协同效益，促进项目间、企业间、产业间物料闭路循环，切实提高资源产出率，提高两地的竞争力。两地还可以共同设立研发中心和实验室，促进新技术的孵化和应用，进一步巩固区域的技术领先地位。二是有助于推动两地的产业升级和创新。海洋油气化工产业对科学技术要求高，需要大量的研发和创新，相关企业入驻会形成产业集聚效应，合作开发高端石化新材料等。三是可以吸引国内外高科技企业和研究机构，推动技术创新，加速实现关键技术装备自主可控，提高产品附加值。

（二） 完善基础设施建设

基础设施建设和运营保障是成功的关键。一是解决管道运输工艺存在技术滞后的问题，使之满足当前和未来的需求。提高数据管理、实时监测、管网维护和管理等方面的效率。联合建设管网输送系统，实现资源优化配置。二是积极解决化工油气产品容易出现泄漏和损耗的问题，降低安全生产的风险。三是保证油气长距离管道运输、LNG 接收站的卸输转运、储气库正常工作。广州与惠州的油气生产区域与消费区域不一致，广州更靠近消费市场，运输是链接两地至关重要的一环。四是广州和惠州可以共同投资建设 LNG 接收终端，建设储罐、卸载设备和输送系统，合作发展 LNG 的分销和应用。惠州建有中国南方第一个万亿级 LNG 接收站，可以优先为广州提供清洁能源。五是共同建设油气运输码头，广州石化拥有惠州大亚湾 15 万吨级和 30 万吨级深水泊位原油码头各一个，已经拥有一定的运输合作基础，但运输码头数量仍然不足，需要进一步扩建。

三、推进海洋科技创新和人才培养

（一）强化海洋科技创新

广州与惠州两地需要合作提升海洋工程装备与海洋工程技术。一是推进多领域融合、多学科交叉的系统工程。围绕海洋勘探装备、海洋钻井装备、海洋施工装备、海洋油气生产装备等海洋油气装备领域，以及海洋油气开发的全流程各环节，加强安装建造、浮体结构、信息及新材料等高新技术方面的合作。二是深化核心技术领域攻关。围绕深水钻完井装备、浮式平台、水下生产系统、立管、FLNG 设施等深水重大装备开展系统性的持续攻关，以及深水工程水动力性能分析软件、结构性能分析及模型实验技术、海洋工程风险评估、工程建造技术和管理技术等基础共性技术方面突破，加快缩小核心实施技术体系与国外的较大差距，持续解决关键核心部件依赖国外进口的问题。三是推动常规水下装备实现国产化。广惠两地可以携手解决现场应用经验比较缺乏，深远海开发所需的水下压缩机、水下分离器等新型关键装备研究还处在起步阶段，水下装备的测试体系仍不够完善等问题。

（二）加快关键人才培养

广州与惠州可以联合进行人才培养合作。一是共同建立联合培训中心。聘请业内资深工程技术人员兼任教师，培养和吸引专业人才，并且中心还可以为企事业单位在职人员提供定期培训和进修机会，以满足两地海洋油气化工产业发展的需求。二是携手开展定期的技术研讨会和交流活动。促进行业间的经验分享和知识技能传播，加强区域协同和人才培养。三是共建合作产业园。通过吸引国内外企业和人才，提高两个城市的国际影响力，最终培养出符合产业需求的人才，推动产业的人才储备和技能水平提升。

四、加强生态保护和可持续发展

（一） 携手推动海洋生态保护

保护生态环境是可持续发展的基础和前提，海洋油气开发与化工产品的制造都可能导致海洋污染，影响渔业资源及海洋生态系统。一是加强统筹开发保护。政府和企业都应树立生态优先、绿色发展的理念，减少对海洋生态环境的破坏。建立环保合作框架，缩小环境监测、排放标准制定和执行方面的差距。二是推动可持续能源和清洁技术的研发和应用。鼓励化工企业普遍推行清洁生产，提高废水处理利用率水平，推动广惠两地合作建立产业园，共同规划环保措施，确保生产过程中的环境友好。推动共同投资建设利用互补优势的大型污水处理设施，重新划定海洋功能区，对入海排污口进行统一监管。三是推行 GB/T 14000—ISO14000 等绿色生产标准体系。在两地已建成的产业园区内，引入国际先进的污水深度处理和挥发性有机物（VOCs）回收技术，实施清洁生产审核和第三方环境影响评估。支持利用最佳实践和技术，减少废弃物排放、水资源利用和能源消耗，保护生态环境。

（二） 共同推进海洋可持续发展战略

海洋油气化工产业实现可持续发展是广惠两地加强合作的重要命题。一是携手推进"双碳"战略。面对油气化工行业的政策面正逐步收紧，环保压力增大，资源消耗和环境污染严重等问题，在"碳达峰"与"碳中和"等领域展开合作，力争在油气化工行业打造合作范本。二是携手推动油气化工行业节能降耗和能源结构调整。加快石油化工领域的技术创新，支持炼化行业技术不断创新发展，全面推动规模化、清洁化技术向"油转化"和节能减排技术等领域调整。三是携手推进更高行业标准。在"双碳"的背景和要求下，探索率先在全国统一执行更高标准，在环保、安全等方面形成共同标准的路径，打造广州、惠州海洋油气化工产业跨区域协作的特色经验。

第五章　广深港海洋专业服务业融合发展案例研究

在百年未有之大变局背景下，全球范围内正在掀起新一轮的科技革命和产业变革浪潮，这将对经济和社会形态产生影响，海洋产业的形态、分工和组织也将发生转变，海洋服务业的竞争力将得到重塑。我国拥有丰富的海洋资源，海洋现代服务产业发展迅猛。本章以广深港（广州、深圳、香港）三地海洋专业服务业融合发展为主题，对其发展现状、融合路径等进行探讨分析。

第一节　研究背景

一、海洋专业服务业内涵

海洋专业服务是指为保护、研究和利用海洋活动而开展的科学研究、培训、教育和咨询服务的行为。海洋专业服务业涵盖了多个不同领域和服务类型，包括海洋调查和勘测服务（提供海洋地理信息、海洋生态环境、海底资源等的调查和勘测服务，包括海洋测量、海洋地质勘探、海洋生物调查等）、海洋工程和施工服务（涉及海洋工程的设计、规划和施工，如港口、船坞、海上风电场等海洋工业设施以及海洋输油管道、海底电缆等的建设）、海洋资源开发与利用服务（包括海洋风能、海洋潮汐能、海洋温差能等海洋能源开发、海底矿产资源开发、海洋生物资源利用等）、海洋环境保护与管理服务（提供海洋环境监测、海洋生态修复、海洋污染治理等服务）、海事运输服务（包括港口和航道规划、船舶运输管理、海上货物运输、海事法律咨询等）、海洋科研与教育培训服务（提供海洋科学研究、科研船舶运营、海洋教育培训等）。

表 5 - 1　海洋经济分类

海洋经济分类	主要构成
海洋产业	海洋渔业、沿海滩涂种植业、海洋水产品加工业、海洋油气业、海洋矿业、海洋盐业、海洋船舶工业、海洋工程装备制造业、海洋化工业、海洋药物核生物制品业、海洋工程建筑业、海洋电力业、海水淡化与综合利用业、海洋交通运输业、海洋旅游业
海洋科研教育	海洋科学研究、海洋教育
海洋公共管理服务	海洋管理、海洋社会团体、基金会与国际组织、海洋技术服务、海洋信息服务、海洋生态环境保护修复、海洋地质勘查
海洋上游相关产业	涉海设备制造、涉海材料制造
海洋下游相关产业	涉海产品再加工、海洋产品批发与零售、涉海经营服务

资料来源：自然资源部。

二、国内海洋专业服务业发展现状

根据自然资源部的核算，我国海洋产业在 2022 年保持总体平稳发展，展现出持续增长的潜力和韧性。海洋产业国内生产总值达到 94 628 亿元（见图 5 - 1），增长率为 1.9%，占国内生产总值的 7.8%，与上一年持平。近年来，我国海洋产业内部结构得到有意识的调整，呈现出不断优化的趋势。2022 年海洋第一产业生产总值为 4 345 亿元，第二产业生产总值为 34 565 亿元，第三产业生产总值为 55 718亿元，占海洋产业生产总值的比例分别为 4.6%、36.5% 和 58.9%（见图 5 -2）。海洋专业服务业属于第三产业，近几年生产总值逐年稳步增长，2018—2021 年，生产总值从 19 356 亿元增至 25 438 亿元，同比增长 6.4%，复合年均增长率为 9.5%。2022 年国内海洋专业服务业 GDP 约为 27 417 亿元（见图 5 -3）。

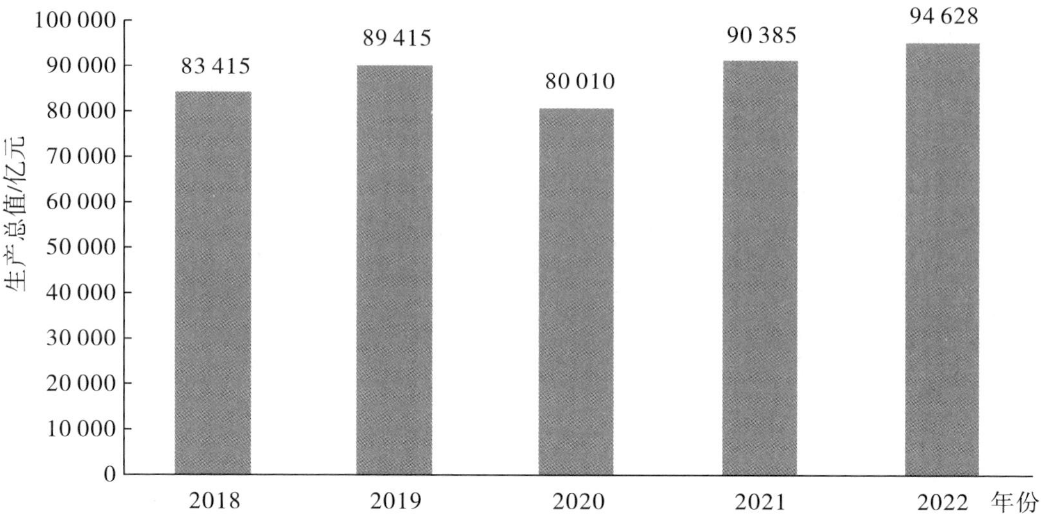

图 5-1 2018—2022 年中国海洋经济生产总值

数据来源：自然资源部。

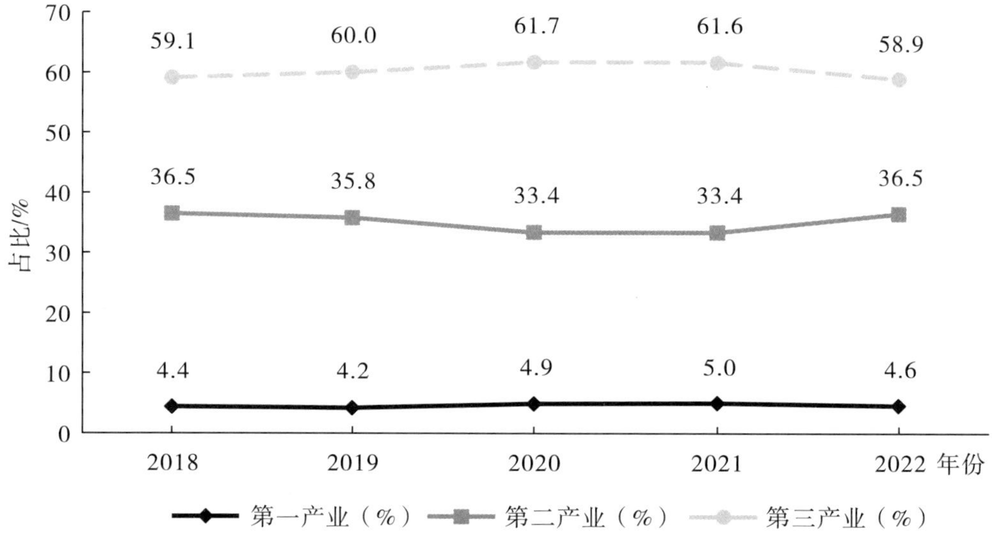

图 5-2 2018—2022 年中国海洋三次产业 GDP 占比

数据来源：自然资源部。

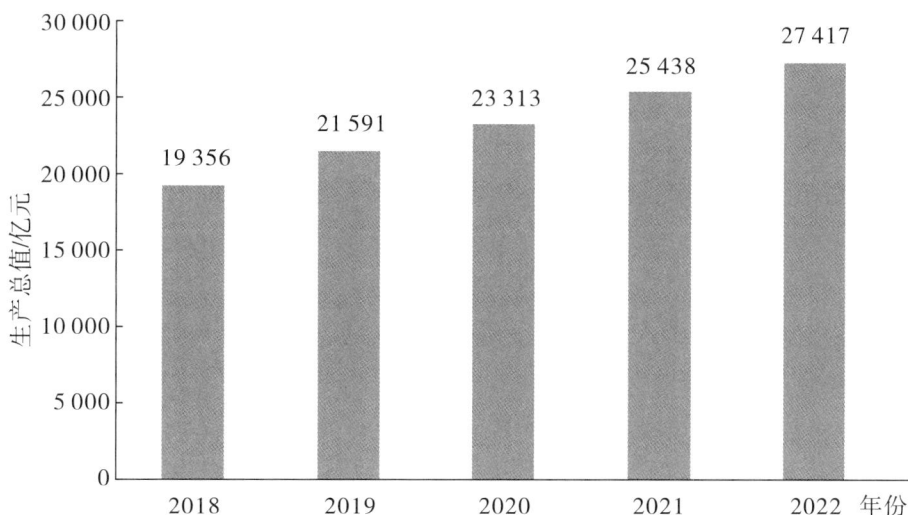

图 5-3　2018—2022 年中国海洋专业服务业生产总值

数据来源：自然资源部。

在 2020 年，受新冠疫情影响以及中美贸易摩擦等多方面不确定因素挑战，全国海洋产业 GDP 下降 5.3%，主要海洋产业下降 10.5%，海洋相关产业下降 6.1%，但海洋科研教育管理服务业则受外部环境影响较小，2020 年增长 5.7%。

近年来，我国在海洋强国建设方面取得了历史性成就，包括海洋专业服务业的一系列成就。一是在海洋科技研发服务业方面，我国取得了重大突破，例如 2020 年国内首次拥有了海洋民用业务卫星星座，填补了部分观测数据上的空白，实现了全天观测。另外，2022 年 3 月，我国首个智能深海油气保障仓储中心在海南省中海油海南码头投入使用。随着海洋科学技术的发展，我国的海洋科研机构和科研人员数量也在不断增加。2004 年，我国有海洋科研机构 105 个、从业人员 13 453 人，到 2018 年，海洋科研机构增至 176 个，从业人员达 32 825 人。二是在海洋公共服务领域，综合海洋产业公共服务平台在青岛、厦门等地区实现，同时，一些传统专业性公共服务平台也在不断完善，如国家海洋科学数据中心（共享服务平台）、烟台海洋产权交易中心等新兴专业性平台得到迅速发展，在海洋资源统筹配置、公共信息互联共享、创新成果产业化、政策咨询服务、协调区域产业禀赋等方面发挥了重要作用。三是在海洋治理服务业上，我国积极承担全球海洋治理的责任，在海洋环境保护、资源开采等规则中起到重要作用。我国正从国际海洋公共产品的消费端向供给端的方向移动，例如南中国海区域海啸预警中心曾为南海附近 9 个国家提供专业服务。四是在海洋文化教育上，已有 160 多处海洋意识教育基地。借助"舟山群岛·中国海洋文化节"等一系列活动，传播我国特色文化，展示我国海洋水平和海洋发展水平。全国有海洋相关专业的高校多于 200 所，海洋知识"进学校、进教材、进课堂"成效显著。

根据新增企业和发明专利申请的增速来看，在海洋强国的战略下，政府调控等措施促使海洋专业服务业的新增企业增速较快；作为技术驱动型产业的海洋科学研究，在专利申请增速上也远高于其他产业。就海洋专业服务业的区域分布而言，中国北部海洋经济圈拥有良好的海洋经济发展底蕴和丰富的海洋资源，同时具有明显的海洋科研教育优势。在省份层面上，广东、山东是海洋科技力量的集聚地，涉海科研机构与高端人才居全国前列。山东海洋事业起步较早，海洋法律法规的制定早于其他沿海省份，经过多年改革创新实践，目前行政管理体系基本已经完善。

三、国外海洋专业服务业发展现状

国外早已认识到发展海洋专业服务业的重要性，其中美国、日本、澳大利亚和加拿大等国家表现尤为突出。美国在进入 21 世纪以后逐渐完善海洋管理，走向科技带动海洋发展的道路；日本政府也不断推进相关政策促进海洋开发技术的研发，从而使日本海洋产业向精细化、科技化发展；中国则通过建设海洋经济研究开发示范中心来推动海洋经济发展。

（一）美国：提升海洋生态管理，注重海洋科研教育

美国海洋专业服务业发展已久。早在半个世纪前，美国就制定了国家层面的综合海洋政策，并成立了海洋科学、工程和资源委员会以加强海洋管理的协调，2010 年签署的 13547 号行政令就强调实现海洋环境的有效保护、加强海洋科学研究等。《海洋经济年度卫星报告》显示，在新冠疫情后，美国海洋经济迅速复苏，2021 年其海洋产业生产总值增长 7.4%，销售额增长 10.5%，超过了美国整体经济增长。其中，海洋研究和教育行业、专业和技术服务行业销售额分别为 100 亿美元、70 亿美元。因此，美国政府十分重视国家海洋经济的发展，尤其是在海洋科研教育以及公共管理服务上。

在海洋管理上，美国政府采取了多项措施。一是加强海洋管理机构。美国成立了负责制定国家海洋发展战略的海洋委员会。美国国会开始考虑进行新一轮国家海洋政策研究。二是颁布海洋管理法规，形成海洋管理法规体系。如美国在实施《海岸带管理法》之后，相继修订了《大陆架土地法》和《海洋保护、研究和自然保护区法》，制定了《国家环境政策法》《国家海洋污染规划法》《深水港法》《渔业保护和管理法》等 9 部法律。三是加强规划和区划，制订海洋管理行动计划，并对实施规划出台了强制性措施。

美国注重科研创新投入。美国侧重提高海洋科研能力，设立了一大批从事海洋研究的机构组织。据统计，美国所设立的海洋科研研究所有 700 多家，平均每年有 270 亿美元资金被官方投资用于进行海洋研究。此外，美国建立了多种类型的海洋科技园，根据各类海洋产业的特点使用差异性的研发策略，完善海洋水产养殖及加工系统。政府对企业方面的支持还体现在给予专业的油气资源勘探指导，并通过各种方式鼓励深入海洋生物领域的研究，以提高科学技术的水平，促进将海洋科研成果更加快速地转化。

美国注重海洋环保工作。美国最早在 1966 年就推出了《海洋资源和工程发展法令》，之后在海洋环保方面不断颁布和施行新的法律法规，包括《近海与海洋综合观测法》《21 世纪海洋保护、教育与国家战略法》等。美国在海洋环境保护的措施上不断突破更新，是首个设立海洋自然保护区的国家，通过守护海洋生态环境，推动实现长期的经济发展。

美国注重海洋领域教育的普及与应用。美国大学不仅开设了海洋专业供学生学习专业海洋知识，同时联合海洋机构方便进行知识的实践与转化，保障了该专业大学生在毕业时能基本掌握有关海洋的专业知识以及具备较强的动手实践能力。此外，通过海洋教育中心搭建全国海洋教育网络，将海洋知识的教育与网络手段相融合，并成立专门的理事会来负责运营这个教育网络，努力实现普及化的网络教育。通过夏令营等多种方式宣传海洋知识，从小激发学生们对海洋的好奇心与求知欲。

以上表明，美国政府注重海洋经济的全面发展，从管理规划到环保工作，再到科研投入和教育科普，都体现了对海洋专业服务业的高度重视，为美国海洋经济的可持续发展提供了坚实的基础。

（二） 欧盟： 注重海洋技术开发， 推动创新成果转化

欧盟经济对海洋专业服务业高度依赖。欧盟约有 75% 的对外贸易活动依靠海洋运输实现，即使是对内贸易，海运运输的比例也达到了 1/3。欧盟使用价值链的方法来区分海洋产业，通过价值链判断产业是否属于海洋产业，进而构建整个海洋供应链。例如，一个产业投入的关键要素中包含海洋要素即可认为这是海洋产业，基于此，继续向上下游不断扩展，最终构成了整个海洋供应链。2012 年欧盟委员会发布了"蓝色增长"战略，并于 2014 年制订了《蓝色经济创新计划》，致力于汇总整理海洋数据，通过勘测手段精确获得海底地形地貌信息并将其绘制成海底地图，增加欧盟内部国家之间以及与其他非欧盟国家在海洋经济上的贸易往来，以及对海洋科研难题的合作攻克，提高海洋队伍的科学素养，以科学技术的提升促进蓝色经济的发展。

欧盟建立完整的海洋观测系统。欧盟致力于整理和汇总复杂的海底信息，使海底水文、地质等方面的观测数据与其现实使用用途相匹配，满足实际工作的要求，打造海底地图便于人们更清晰地了解海洋情况。欧盟整合获取到的海洋数据，在此基础上构建信息网络；寻找更加快捷、简易、更易操作的观测数据的方式；提议实现部分海洋数据的公开化。

欧盟注重海洋科技成果的实现。对进行海洋合作的国家范围进行了扩展，与加拿大、美国在海洋业务上进行跨国合作。设计和改进已有的信息系统，并搭建一个能够实现信息共享的服务平台，在数据上为海洋研究项目提供支持，引导科技成果从实验室走出，在市场中实现其价值，积极推动科技成果的转化。

欧盟注重提高海洋从业人员的科学素养水平。欧盟提出，发展蓝色海洋经济离不开海洋从业人员技术水平的提升，基于此，欧盟设立涉海学院和实训基地，既重视对海洋人才理论知识的教育，又加强提升海洋人才的实践能力，并且支持涉海企业和涉海学院进行融合发展，更有目的性地培育涉海人才。欧盟采取多种措施以吸纳更多的科研人员继续留在欧洲，在保证了海洋研究人员数量的基础上，激励海洋工作者开展学术研究以及技术研发，从质和量两方面提升欧洲的海洋科技能力，并通过技能培训、企业孵化器等措施推动科研转化为成果。

（三） 澳大利亚： 统筹海洋经济发展， 实现综合管理

澳大利亚注重发挥海洋经济天然禀赋优势。澳大利亚地处被广阔海洋环绕的大

陆，拥有庞大的领海面积，仅次于美国和法国之后。从本国经济贡献来看，海洋产出远超过其他行业，占全国生产总值的比例达到13%，成为澳大利亚的支柱产业。

澳大利亚注重海洋经济发展的战略规划。澳大利亚制定了一系列的法律法规以及对海洋发展合理展开规划，例如《海洋产业发展战略》《海洋科技计划》和《海洋科学技术发展计划》等，以科学开发和合理利用海洋资源。

澳大利亚设立专门机构实现统筹管理。海洋产业和科学理事会被专门开设用于对国家海洋产业进行管理，海洋产业发展成了战略性目标。政府基于全局制定产业战略，在各企业、各部门间建立良好的协作关系，基于合作共赢的理念，不同部门各司其职，统一控制管理海洋产业全局，增强与企业、与其他部门的相互联系，通过这种紧密联系，带动海洋产业综合管理，提高管理效率、保障战略能够达到预期的效果。

澳大利亚注重海洋科研能力和教育质量的提升。澳大利亚注重海洋教育，从小学到大学提供不同阶段的海洋知识学习，从最基础的海洋教学，到海洋实践，再到更加专业的海洋课程，如海洋经济学以及海洋管理学等，澳大利亚对海洋知识的传播贯穿了教学的全过程。在海洋人才培育上，则是选择对多种技术水平的人员使用更为个性化的培养方式，采取"因材施教"的方式向不同方向发展，通过高校、科研机构和企业海洋研究部门培养各个方面的海洋高级人才。

澳大利亚重视改善海洋生态环境。澳大利亚将海洋环境保护作为海洋经济发展的前提，其全国施行的海洋政策突出"健康海洋"的宗旨，对海洋环境进行重点监测及保护。澳大利亚定期对重点部门进行监督，规定和控制渔业的捕捞时间和方式，明确禁止捕鱼的区域，建立多类海域保护区。

（四）日本：提升海洋科研水平，繁荣海洋服务业

日本海洋产业发展战略目标集中在注重环保、加速新能源开发、加强海洋尖端技术研究等方面，这就决定了其未来将更大力地发展海洋专业服务业。

日本注重提升海洋科研水平。日本对船舶业的研发投入很大，拥有先进的造船技术和发达的海运服务业。结合物联网等新技术与船舶运维，日本研制出更安全、快捷地对氢能源进行运输的方式，增加船舶制造过程的智能化、自动化程度。政府以财政为支撑，重视对人才的培养，鼓励海洋船舶研究人员前往海外学习先进知识并进行实践活动。促成船舶企业与大学合作，共同探讨人才培养方向，根

据市场需要实施人才培养计划。通过税收手段鼓励中小船舶企业升级设备，提高效率。政府支持、企业合作、学校培养协同发力，提升研发质量水平，推动海洋科研转化为成果。

日本有着蓬勃发展的海洋服务业。日本政府的信贷产业给予了开发海洋事业项目相当大的资金支持。有关海洋垃圾的循环利用设施，日本政府可以采取基本退税措施或设有专门退税。一般退税的比例是实际价值的14%，而关于海洋循环、处理利用海洋垃圾等的海洋环境保护和发展海洋经济建设，可以有14%至20%的所得税豁免。促进高附加值产业建设、重视发展海洋金融业等，这些都是日本海洋经营的主要特点。

四、广深港海洋专业服务业发展现状

广深港所处的粤港澳大湾区海洋经济总量持续扩大，主要海洋产业发展态势良好，初步形成了开放的经济辐射能力较强的经济体系，并且在海洋服务业方面，各区域形成各自鲜明的特色。广州和深圳海洋经济体系较为完整，在港口物流、滨海旅游、海洋信息服务、涉海金融等涉海服务方面逐步呈现集群化、高端化发展态势；香港在航运金融、船舶注册、法律、物流信息等相关的涉海服务行业有较好的基础优势，其中航运业已成为香港支柱产业之一，推动香港成为国际航运中心。

（一）广州：发展海洋金融服务，提升海洋治理能力

广州作为南海之滨的综合性门户城市，在实施海洋强国战略上一直发挥主力军的作用。近几年来，广州围绕建设海洋强市目标，海洋综合实力稳步提升，海洋科技创新步伐不断加快，海洋专业服务也在不断发展。

广州在海洋金融服务方面取得显著进展，航运资产管理和资产交易能力不断增强，2022年广州航运交易所成为华南地区最大的船舶资产交易服务平台，交易额达231.72亿元；广州航运供应链金融服务平台总计为珠三角地区约百家企业提供航运金融服务，融资金额达6.97亿元；广州南沙区落地首笔国际航行船舶保税油进口结算服务。广州成立总规模达50亿元的政策性产业引导基金，重点投向现代航运物流、服务、金融等方向，有力支撑海洋实体经济发展。在海洋机构管理

上，广州组建市规划和自然资源局，整合海洋行政管理职能，履行包括海洋在内的自然资源"两统一"职责，完成龙穴岛南部围填海历史遗留问题处理方案并向自然资源部备案。在体制机制设计上，修订《广州市规范海域使用权续期工作的意见》，印发《关于进一步强化海洋资源监管工作方案》，海洋资源监管制度进一步完善；修订《广州市海洋灾害观测与响应预警预案》，健全海洋灾害观测预警机制。在区域开放合作上，广州、佛山、深圳和东莞四地的检察机关于 2019 年共同签订《保护珠江生态环境和自然资源公益诉讼协作机制》，珠江口地区生态环境协同保护机制初步建立。同时，预计到 2025 年，广州海洋观测点数量达 35 个，新增海洋科普与意识教育基地 3 个。在公共服务及海洋科研上，广东省海上风电大数据中心落户广州，基于海洋大数据的应急指挥信息系统在大型港口普及。广州港平均每年新增 10 条国际班轮航线、10 个内陆无水港和办事处、10 个国际友好港，国际海洋开放合作加速。广州近年来多次举办国际涉海专业展会，如 2019 年世界港口大会等，拓展本地涉海企业产品市场。海洋科研方面，广州目前集聚了包括 54 个涉海科研机构和 32 个海洋科学实验室在内的国家海洋尖端科技力量。

（二）深圳：传统海洋产业主导，逐步推进现代服务业

经过多年的精心经营，深圳市海洋经济产业的布局大致呈现出以前海、大鹏为重点，前海地区以产业集聚为主，重点发展海洋金融等现代海洋服务业，大鹏地区关注生态保护，重点建设该领域的国家级示范区的"两翼齐飞"的特点。但从产业结构来看，传统海洋产业仍是深圳海洋经济的主要组成部分。2010 年，全市90% 海洋经济由海洋交通运输业、滨海旅游业、海洋能源与矿产业这三大海洋产业贡献。尽管到了 2021 年，这一比例已降至 55%，但海洋工程装备制造业、电子信息优势产业、海洋生物医药产业、海洋现代服务业等新兴产业占比依然不够高。此外，从海洋科研和人才培养来看，深圳与广州相比还有较大差距。

深圳目前正在稳步推进建设全球海洋中心城市的目标。一是在海洋产业集群方面，已经明确了行动计划并颁布了海洋产业的发展规划，为海洋经济的高质量发展提供政策支持。此外，重视科技创新，多项海洋创新载体加速落地。截至2022 年底，深圳已建立了 74 个涉海创新载体，其中包括 4 个国家级和 22 个省级。深圳大学成立了海洋信息系统研究中心，并启动了大鹏新区海洋研究院的共建工作。同时，海洋大学、深海科考中心、海洋博物馆一体化建设在持续推进，深圳

市海洋活性物质工程研究中心也获得了组建批准。二是在海洋现代服务业方面，相关辅助工作稳步进行，已初步完成金融、法律、资质认证等各领域的现代海洋服务业支撑体系的建设。深圳推动设立了国际海洋开发银行，并且国家开发银行深圳分行、中国进出口银行深圳分行向涉海企业提供的贷款规模合计超过千亿元。深圳国际海事研究院也于 2022 年 6 月揭牌成立。另外，海关总署批复并唯一授权的跨境贸易数据平台地方政府试点——深圳跨境贸易大数据平台也正式发布上线。三是在海域海岛管理方面，精细化管理水平持续提升，统筹开展海洋自然资源调查，加强海域使用金管理，积极推动海域定级和海域使用金征收标准制定工作，并且完成了一批项目的海域使用金减免的审批工作，完成了海洋新城填海区域海洋生态保护红线的调整工作。

（三）香港：海洋专业服务体系成熟，科研实力雄厚

香港在海洋专业服务领域非常发达，其相关体系也已经发展得非常成熟。这些因素有利于香港海洋经济的高质量发展，为香港增强海洋竞争力提供了坚实的基础。香港在海事仲裁、船舶注册和货运代理上表现最为突出。香港有着国际航运中心的美誉，其航运服务不仅多元化，能够满足客户多方面的需求，同时兼具效率高、可靠性强且专业性高的优点。香港的海事仲裁业相对发达，每年处理大量的相关案件，深受国际船东的信赖，特别是在东南亚和东亚地区。这一方面是由于香港地理位置优越、文化相通、语言便利的优势，另一方面是因为国际船东对香港特区政府和法律的认同。此外，香港汇聚了世界上著名的海事行业金融、经济、法律机构和人才，具有完善的仲裁服务能力。与伦敦和新加坡仲裁机构相比，香港国际仲裁中心的收费相对较低，具有明显的价格优势。香港在各航运服务范畴的相对表现见表5-2、表5-3。

表 5-2　香港航运业务收益

类别	2020 年/亿港元	2021 年/亿港元	2021 年较 2020 年增减/%
船务代理/管理人，以及海外船公司驻港办事处	75	85	+13.3
远洋和往来香港与珠江三角洲港口的货运船东及货轮营运者	1 162	2 181	+87.7
货柜码头及货运码头营运者	75	82	+9.3

（续上表）

类别	2020 年/ 亿港元	2021 年/ 亿港元	2021 年较 2020 年增减/%
港内水上货运服务	10	11	+10.0
中流作业及货柜后勤活动	52	57	+9.6
航空及海上货运代理	1 452	2 624	+80.8

资料来源：香港特区政府统计处《2021 年运输、仓库及速递服务业的业务表现及营运特色的主要统计数字》。

表 5 - 3　香港海上运输服务输出

类别	2019 年/ 亿港元	2020 年/ 亿港元	2021 年/ 亿港元	2021 年较 2020 年增减/%
海上运输服务输出	1 285	1 156	1 846	+59.7
货运	670	768	1 456	+89.7
其他	588	385	390	+1.1
占服务输出总额（%）	16.1	22.3	30.0	—

资料来源：香港特区政府统计处《2021 年香港服务贸易统计报告》。

香港是国际重要的船舶注册地之一，其简便的注册手续、低税率以及较高的国际声誉使得船舶在此注册可以得到保护，并具备较强的竞争力。除了巴拿马、利比里亚和马绍尔群岛之外，香港是世界第四大船舶注册地。在香港注册的船舶在缴纳税款时可以获得一定的优惠，并且香港与许多地区签订了免双重课税协议，使得香港成为外国船东的首选注册地。香港实施低税政策，拥有完善的体制和专业航运服务，备受国际船东欢迎。运输代理业务在安排货物运输领域起到很大影响，对香港成为世界最成熟的贸易型经济体之一的贡献很大。香港具备完备的物流设施，促进物流代理行业的蓬勃发展。另外，香港港是当今世界上全球航空货运处理量最高的港口，2023 年是全球十大最繁忙的货柜港口之一。许多大型货运代理公司在香港设有海外分支网络，提供仓储、包装、分货、配送以及综合物流解决方案等增值服务，以满足客户的需求。在海洋科研方面，香港拥有八所高等学校，其中六所设有海洋相关专业，主要方向领域为物理海洋、地球化学、海洋生态及海洋环境等，在海洋研发创新领域具有丰富经验和积淀。

五、海洋专业服务业融合发展的意义

（一） 促进经济发展

海洋专业服务业涉及多个领域，包括渔业、海洋能源开发和海洋旅游等。研究海洋专业服务业有助于促进相关产业的发展和创新，从而推动海洋经济的增长。广深港地区地理位置优越，拥有丰富的海洋资源和巨大的发展潜力。通过整合海洋服务业的发展，可以充分利用各地区的优势资源，推动经济的协同发展，提高区域海洋经济的竞争力。同时，广州、深圳、香港在综合实力和经贸产业活力方面处于领先地位，三个城市在海洋产业发展方面各具特色。由于广深港三地地理位置相近，具有更为关键的"组合发展优势"，几个大城市之间通过分工合作，可以实现相互促进和共同发展。从打造海洋城市群的角度来看，广深港的融合发展可以促进海洋科技成果在不同地区的转化与应用，对其他地区建设城市群具有重要的借鉴意义，为进一步推动海洋产业的升级和创新能力的提升提供参考。

（二） 助力社会发展

海洋专业服务业的融合发展有助于打破地域限制，扩大海洋经济的发展空间。广深港地区可以通过合作开发利用海洋资源、发展海洋旅游和休闲产业、开展海洋环保和生态保护等，实现经济的可持续发展。作为中国南方重要的经济中心，广深港地区拥有丰富的经济资源和人文交流基础。海洋专业服务业的融合发展有助于促进不同地区之间的合作与交流，推动经济一体化和区域间合作的深化。

（三） 实现环境保护

海洋是地球上最丰富的自然资源之一，因此对海洋专业服务业的研究具有重要意义，可以促进海洋资源的可持续发展。广深港三地通过携手开展研究，可以深入了解海洋生态系统的运行方式、海洋生物多样性的维护与保护，以及海洋污染的控制等问题，并为采取相应的管理和保护措施提供参考，从而确保海洋资源的可持续利用。

综上所述，广深港海洋专业服务业的融合发展有助于提升经济竞争力，推动科技创新与产业升级，拓展发展空间，推动环境保护，并促进区域合作与交流，对于推动海洋经济的长期可持续发展具有重要意义。

六、研究的目的和必要性

（一） 研究的目的

研究广深港海洋专业服务业的融合发展，以及三座城市各自在海洋产业中发挥的优势，可以推动海洋经济在更高水平实现一体化发展，打造海洋经济合作新趋势，协力推进大湾区现代海洋产业体系建设。

首先，研究旨在促进政策制定和规划，为海洋经济实现融合以及深入合作的时间点以及空间布局提供参考。通过对广深港地区的地理位置、海洋禀赋、海洋服务业发展情况等进行研究，能更科学地指导大湾区内海洋专业服务业的布局，建立起与大湾区各城市海洋专业服务业发展目标相符合，产业链上下游衔接紧密、过渡通畅的海洋经济分工协作体系，并在此基础上根据实际情况制定整体目标和具体规划，推动海洋专业服务业内各产业的分工协作，充分实现产业链的协同效应，推动各细分产业间的融合。在实现大湾区不同城市间海洋产业共同发力的过程中，海洋专业服务业的发展最大程度地带动了海洋产业的转型升级。

其次，研究旨在发挥广深港海洋重要城市的引领作用，优化产业空间的布局结构。充分发挥市场的配置作用，通过广深港三市产业融合，并利用相关行业协会或联盟整合优势海洋产业资源。如对大湾区内的港口资源实现统筹管理，通过建设联合机构，对相关资源进行优势整合，各取所长，使得各地区资源能够在正确的位置得到更有效的利用。在综合规划的基础上，进一步打造更发达的海洋港口运输体系以及现代化的国际港口群。

再次，研究旨在立足广深港海洋专业服务业优势，将海洋专业服务业打造成为大湾区海洋产业链"长板"。在加快传统的优势产业如海洋交通运输业等转型升级的同时，加快发展与此相配套的海洋专业服务业以及其他科技含量较高的新兴产业。推动海洋产业与物联网、大数据等新兴科技的结合，鼓励发展与前沿技术相融合的产业，形成产业内创新引领的新趋势，并实现科研成果的成功落地，以科技创新赋予海洋产业链更强大的生命力，推动其走向信息化、高端化。

最后，研究旨在提高整个涉海行业的科研水平，推动科技成果转移转化。海洋科研管理服务业是一个与科技联系较为紧密的产业，扶持相关企业发展，能够提高整个涉海行业的科研水平。重点培养创新能力突出、体系成熟的龙头企业，充分发挥这些企业的带头作用，通过企业合作、产业集群等方式带动大湾区内海洋产业链的整合提升，以广深港海洋专业服务业的融合为示范，推动大湾区内优势海洋产业向集约化的方向发展，打造更多优势产业集群，发挥协同效应。同时，新兴产业的发展离不开海洋专业服务业的支持，研究广深港海洋专业服务业融合发展将有利于推动其进入全球价值链中高端，实现大湾区海洋经济的结构升级，为在大湾区内构建服务型、创新型的海洋经济体系提供理论依据。

（二） 研究的必要性

广深港地区作为中国经济中心之一，地理位置优越，拥有丰富的海洋资源。海洋专业服务业的融合发展对该地区经济增长和大湾区海洋经济的可持续发展具有推动作用。

首先，海洋专业服务业的融合发展可以优化和升级经济结构。广深港地区传统产业主要集中在制造业和贸易业，而海洋专业服务业的发展可以为这些传统产业提供更多的支持和服务，提高其竞争力和附加值。例如，海洋工程、海洋科技和海洋保护等领域的专业服务可以为制造业提供技术支持和创新能力，为贸易业提供更多的物流和供应链服务。

其次，海洋专业服务业的融合发展可以推动海洋科技的进步和创新。海洋是一个充满未知和挑战的领域，需要不断的科学研究和技术创新来开发和保护海洋资源。海洋专业服务业的融合发展，可以促进不同地区的专业人才和机构之间的合作与交流，加强科研成果的转化和应用，推动海洋科技的进步和创新。

再次，海洋专业服务业的融合发展还可以促进区域间的合作与共赢。广深港地区作为中国南方沿海的重要门户和交通枢纽，与周边地区有着密切的经济联系和合作关系。海洋专业服务业的融合发展，可以进一步加强与周边地区的联系，合作开发和利用海洋资源，实现合作共赢。

最后，海洋专业服务业的融合发展还有助于提升地区的竞争力和知名度。海洋科研教育管理服务业是保障海洋经济平稳快速健康发展的重要产业，也是衡量海洋经济创新能力的重要指标。通过融合发展，广深港地区可以聚集更多高水平的科研机构、高等教育机构和科创企业，吸引国内外优秀的科研人才和学生，提升地区的影响力和竞争力。

第二节　现状分析

一、广深港海洋专业服务业融合发展的优势与特色

区别于传统海洋产业，现代海洋服务业将高端化、绿色化和智能化作为发展目标，以适应现代社会的发展需求。在大湾区内，海洋专业服务业有着广阔的发展前景。随着《内地与香港关于建立更紧密经贸关系的安排》服务贸易协议的修订，投资服务、旅游服务等方面的开放措施得到了进一步的优化。《全面深化前海深港现代服务业合作区改革开放方案》和《广州南沙深化面向世界的粤港澳全面合作总体方案》的印发，为广深港地区在发展创新科技金融服务、海事服务、航运金融、营商服务和国际化人力资源服务等方面提供了更明确的方向指引。这些行业的良好基础和多重政策利好的叠加将推动广深港地区海洋专业服务业提质增效以及产业的深度融合发展。全球产业链垂直重构对产业发展布局提出了新的要求，各地海洋企业正在加快从产业链低端的加工者身份向更高端的研发角色转化的进程，增强了广深港协同创新的能力，为其实现合作研发创造了更多的条件。大湾区各城市间在海洋经济上的合作日益紧密，不仅在数量上实现了增长，同时合作的质量也有所提升，这体现在合作的内容已经从渔业、交通运输业等传统海洋产业延伸到了投资、法事法律等海洋专业服务领域，推动了各城市海洋专业服务业融合发展。

目前，"广—深—港—澳"已成为大湾区海洋产业的核心引领，广深港三地发展现代海洋服务业具有包括创新科技资源的数量、海洋信息化资源体系的建设、国际化便利化的营商服务等方面的优势。广州、深圳、香港在国家或国际上独特的中心角色，以及南沙与前海政策上的便利，使得广深港地区的融合相比其他地区跨境壁垒与限制更少，广州、深圳能更加便捷地在海洋专业服务业上与香港的优势资源相结合，通过高校科研机构的交流合作，打造共享海洋科研平台。同时，广深港地区经济发达，政府财政也相对更为雄厚，政府加大在海洋科研方面的财政投入，将海洋新兴产业的关键技术及产业核心环节作为关注重点进行联合研发，

加快对海洋新兴产业的培育，争取打造国际竞争新优势，促进大湾区海洋经济的高质量发展。广深港三地海洋产业各具特色，海洋科技创新能力有差距、自然资源禀赋不一、海洋服务业发展基础各异，明显的产业梯度以及不同的地域分工差异有利于促进更加紧密的海洋经济联系，合作发展空间较大。

二、广深港海洋专业服务业融合发展的问题与不足

面对当前提出的全面贯彻新发展理念，推动经济高质量发展的新要求，广深港地区在更好发展现代海洋专业服务业中既面临着机遇，也存在一些亟须解决的问题，主要包括大湾区内城市群之间的海洋服务业产业协同发展，以及产业集聚效应发挥仍存在提升空间；大湾区内海洋专业服务业总体规模偏小；政府在海洋公共服务业管理方面的投入不足等。

（一） 资源配置效率有待提升

目前各市根据各自拥有的自然条件和社会资源发展具有比较优势的产业，广深港三地在海洋要素禀赋、金融发展水平、市场环境和政策各有不足，海洋专业服务业融合要求通过加速要素资源的流动和结构的优化实现协同发展。而目前广深港三地尚未形成合理的产业分工体系，部分海洋产业同质化发展严重，海洋产业及海洋科技资源没有得到高效利用，如何更好地整合城市内各地优势资源、引导促进海洋产业发展规划的衔接，是推动各地现代海洋服务业高质量发展首先需要解决的问题。

（二） 海洋专业服务业集聚效应不强

广深港海洋专业服务业发展不够成熟，产业集聚发展面临着包括海洋国土空间规划与海洋经济发展规划对海洋专业服务业的空间集聚支撑力量不足，融合一体化发展程度有待提高，各地海洋服务领域合作有待加深，海洋专业服务业产业链、创新链构建尚未形成，部分分工协作和产业互动不够、融合不深等诸多制约性因素，导致当前海洋专业服务业集聚效应不明显。

（三） 海洋专业服务业总体规模偏小

服务业发展进入新发展阶段，目前已有一定的发展基础，但海洋服务业总体

规模偏小，国际引领型企业数量较少，且专业度不高、专业高端人才缺乏，海洋科技创新驱动力不足等问题直接影响了海洋专业服务业产业规模的扩大，以及产业链条的拓展延伸。

（四） 对海洋公共服务的资金投入不足

广深港三地政府部门在海洋公共服务方面均有不同程度的资金投入，但相对于服务广深港海洋经济高质量发展的需求而言，目前的资金缺口仍然比较大。海洋环境观测监测、海洋预警预报、减灾工程、海洋灾害应急等基础性服务类海洋公共服务主要依靠政府投入支持；涉海金融、海事仲裁等生产性服务类海洋公共服务，海洋教育、海洋文化建设等消费性服务类海洋公共服务也需要以政府为主导，调动社会资本参与。目前以上各类海洋公共服务业管理方面的政府投入仍然不足，财政政策倾斜力度不够，亟须广深港三地协调联动进一步加大投入扶持，广泛开拓筹集资金的渠道，保障产业健康发展。

三、广深港海洋专业服务业融合发展的路径

海洋专业服务业作为为海洋开发提供保障服务的新兴海洋产业，应当以创新为发展动力、以绿色可持续为发展理念、以高质量为发展要求，通过推动产业提质增效，迈向全球价值链中高端的产业形态。针对当前广深港发展海洋专业服务业存在的问题，需要紧密结合新发展理念，在大湾区内城市间协同推进现代海洋服务业标准化建设。合理配置各地优势资源，集聚化发展现代海洋服务业；充分发挥现有海洋先进制造业的产业基础优势，推动其与现代海洋专业服务业深度融合发展；持续延长拓展产业链，扩大三地现代海洋专业服务业总体规模；强化顶层设计，加大政府资金投入（尤其是在海洋公共服务管理方面），早日形成现代海洋专业服务业融合发展新模式、新业态，释放出现代海洋专业服务业推动海洋经济高质量发展的新动能。

（一） 引导优势资源要素合理配置

坚持问题导向和目标导向相结合，聚焦广深港加快推动现代海洋服务业高质量融合发展，对广深港三地海洋服务业协同发展短板弱项加大突破力度。全面贯彻落实新发展理念要求，有效统筹海洋科技创新力量配置，探索创新海洋服务业

合作新机制、新模式。积极对标国际一流城市，找准各地区发展的重点和亮点，促进广深港海洋发展由海洋资源型经济转变成为海洋服务型经济，形成资源共享、错位发展的良好局面。

（二） 推动广深港海洋专业服务业集聚发展

充分发挥创新要素、资源禀赋、涉海政策及区位等优势，立足于海洋经济发展实际，以前海、南沙平台为载体，推动各地区现代海洋服务业集聚发展。依托快速发展的海洋高新技术，加速创新资源、人才力量集聚。从当前国内外海洋专业服务业发展趋势中审视广深港加快推进海洋专业服务业结构优化升级，推动海洋专业服务业区域集群发展，进一步激发开放和发展的新活力，打造海洋经济发展新亮点，走在全国海洋科学发展经济的最前沿。

（三） 扩大海洋专业服务业总体规模

以海洋专业服务业作为海洋经济高质量发展的重要突破口，充分挖掘海洋资源禀赋和海洋科技创新等方面的比较优势，引领广深港海洋服务业提质增效。依据创新、协调、绿色、开放、共享的新发展理念，以科技创新赋能海洋专业服务业发展，促进海洋先进制造业和现代海洋专业服务业深度融合，拓展延伸海洋专业服务业的产业链。走可持续发展之路，形成新模式、新应用、新业态的特征，积极探索构筑海洋专业服务业体系的路径。

（四） 加大海洋公共服务管理资金扶持力度

在现有的广东省级促进经济高质量发展专项资金（海洋公共服务）的基础上，加大财政资金支持大湾区海洋公共服务管理，积极争取国家引导资金扶持。广深港三地海洋管理部门联合探索制定海洋公共服务专项资金管理制度，加大财政投入扶持特色海洋服务业的建设；有条件的地区积极设立现代海洋服务业创业投资基金，引导社会资本加入。强化创新科技金融服务，持续完善涉海金融服务内容，有序推进广深港三地涉海金融市场的互联互通，协助赋能海洋专业服务业高质量发展。

第三节　案例分析

一、前海深港现代服务业合作区

（一）　案例概况

前海深港现代服务业合作区位于深圳南山半岛西部，从地理位置的视角，其地理位置优越，处于珠三角的中心，同时位于"广—深—港"发展主轴的重要节点。深港两地政府均认识到了前海的作用，在前海合作上达成一致。国务院2010年在对前海发展规划的批复中提到，要整合深港两地的优势资源，发挥前海深港合作平台的角色，加强深港之间的融合发展，把前海建设成为粤港现代服务业创新合作示范区，以现代服务业发展促进产业结构优化升级。前海对于推进新时期中国现代服务业对外开放具有重要意义，其开发开放已经成为国家的一项重要战略。

前海深港现代服务业合作区在深港合作及现代服务业发展上有着重要的战略地位。前海已经成为与香港联系最为密切以及往来最为频繁的地区之一。前海在促进香港嵌入大湾区产业链、进一步融入国家发展大局中充当了"领头羊"的角色，吸引一大批港资、服务等高端要素流入，更多服务企业快速入驻，初步建立起了以高层次要素产业为主导、协调优化发展、辐射面广泛、示范区引领的现代服务业体系。2021年，《全面深化前海深港现代服务业合作区改革开放方案》（简称《前海方案》）提出后，前海合作区的区间范围得到扩张，由原来14.92平方千米的面积增加到120.56平方千米。

前海深港现代服务业合作区的开发和建设对于推动国家开放型经济新体制的建设具有重要意义。同时，该合作区为深港企业在国内国际双循环中发挥作用提供了平台。《前海方案》提出，前海要吸引更多的国际海洋创新机构集聚，推动海洋科技发展，加快打造现代海洋服务业集群，建设由海洋高端智能设备、海洋环境保护等组成的科研创新高地。扩展后的"大前海"拥有坚实的海洋资源基础，相关产业发展由于要素集聚更能发挥出规模效应、乘数效应。截至2022年底，前海深港现代服务业合作落户了涉海企业约3 400家，集聚了招商工业、中集海工、亚太星通等一批海洋龙头企业。涉海企业的数目持续提高，且以经营海洋新兴产业的企业以及高端类型的服务业企业为主，整体业态呈现出向高端化转换的趋势。前海与海洋科研教育管理服务业关系紧密。一方面，前海以吸纳全球海洋创新资源，建设海洋科研创新高地为目标；另一方面，前海的一个重大使命则是放眼国际，集聚海洋研究机构，打造现代海洋服务业集聚区。前海科技创新支持措施见表5-4。

表5-4　前海科技创新支持措施

目标	部分措施
促进深港澳创新要素跨境融通	促进港澳高校在前海合作区依法设立孵化机构，对港澳高校人才在前海创新创业予以支持
	对企业或机构购买港澳高校、研发中心知识产权并成功实现产业化的，按照发明专利技术交易金额（以发票或港澳地区收据为准）的20%，予以最高不超过10万元支持
促进深港澳创新要素跨境融通	对港澳及国际科技企业、粤港澳新型研发机构围绕科技研发或成果转化，在前海合作区依法依规建立院士工作站、博士后科研流动站、博士后科研工作（分）站、博士后创新实践基地的，按照市资助金额予以50%配套资助
培育深港澳科技合作创新生态	支持龙头企业牵头，港澳高校、研发中心参与，各创新主体协同组建科技创新联合体
	对满足条件的科技创新共同体，在前海落地并开展科技创新合作活动的，予以一次性30万元落户支持
	对国家、省有关部门批准同意在前海合作区举办的重大国际性科技交流活动，事前经前海管理局同意支持的，可按审计后活动实际发生费用的30%对主办单位予以支持，最高不超过200万元
打造海洋科技创新高地	对新落户前海合作区的海洋科技企业，按照下列标准予以一次性落户奖励：①对世界知名海洋科研机构、国家重点海洋科研单位在前海设立分支机构，拥有不少于5名教授（研究员）、高级工程师或相当职称的常驻研究团队的海洋科研机构，上一年度科技研发投入不少于1 000万元的，给予一次性200万元支持；②对海洋高端智能设备、海洋工程装备、海洋电子信息（大数据）、海洋新能源、海洋生态环保等海洋科技企业，上一年度科技研发投入达到1 000万元以上的，按照研发投入的3%，予以最高不超过50万元支持

资料来源：深圳市前海深港现代服务业合作区管理局。

在前海深港现代服务业合作区采取相关举措后，深圳与香港合作，深圳的港口条件得到完善。一是航运服务方面，国际船舶登记制度得到了合理调整，港口资源管理得到了贸易组合枢纽港的支持，并引入了国际高端航运服务资源，对港口设施进行了更新升级，以打造国际高端航运服务中心。二是海洋金融以及法律体系得到完善，国际海洋开发银行得到了持续投入建设，为天然气贸易企业提供了交易服务平台。通过邀请头部企业入驻打造产业集群，挖掘更多其他的融资方式，提升国际海事司法影响力，推动船舶租赁项目繁荣，完善涉外海洋律师团队的建设等，稳步推进打造现代海洋服务业集聚区的任务。三是发展海洋新兴产业和海事技术，建设以将智能制造、大数据等高新技术与海洋产业相结合为重要内容的海洋科技创新高地。四是海洋治理方面，加强对海洋生态的保护与修复，增加在海洋文化旅游产品方面的产出。提高参与海洋国际合作的积极性、鼓励引进更多海洋专业的国际高端人才，努力成为全球海洋治理排头兵。与此同时，前海正加快实现相关领域重大项目的落地。争取在 2025 年，西部港口基础设施逐渐更新升级，航运服务要素呈现高端化、集聚化的趋势，金融和法律服务不断提质、体系日趋成熟，海洋科技创新能力有所突破，前海地区对人才、企业、机构等资源的吸引力以及海洋产业的核心竞争力明显提高，深圳全球海洋中心城市核心区建设基本完成。

为了吸引更多高端企业入驻，前海将目光的重心放到以下三个方面：一是建设一流海洋产业园区。前海安排了海洋新城、大铲湾、蛇口国际海洋城等重点片区组团。其中，海洋新城将打造全球海洋中心城市先锋范例，完成"1 + 2 + 3"蓝色产业布局结构①，蛇口国际海洋城规划构建"3 + 4 + X"产业体系②。二是提供一流产业政策。前海已推出"前海全球服务商计划"，重点引进航运服务商等八大类服务商，出台产业集聚、科技、金融、法律等专项政策，支持海洋企业在税收、

---

① "1 + 2 + 3"蓝色产业布局结构：具体内容是 1 个核心产业（海洋电子信息与大数据），2 个重点产业（海洋高端智能核心设备和海洋专业服务），3 个未来产业（海洋新能源、海洋新材料和深海资源开发）。大铲湾片区由两个海洋产业集聚区构成，一个是主要布局渔业、现代物流业的国家远洋渔业基地，另一个是已经成功完成建设工作的蓝色未来科技园。

② "3 + 4 + X"产业体系："3"表示海洋交通运输、海洋油气开发和海洋文化旅游三大优势产业；"4"指的是海洋智能装备、海洋电子信息、邮轮经济和现代海洋服务四大核心产业；"X"的内涵是合理布局海洋前沿技术、加大技术储备。空间布局上，蛇口国际海洋城将打造"一带三山两谷"格局，"一带"指一条 16 千米海洋文化活力风情带，"三山"指"大南山、小南山、赤湾山"生态公园群，"两谷"指赤湾研发谷、蛇口网谷。

人才、空间、产业等政策上"应享尽享"。三是营造市场化、法治化、国际化一流营商环境。推进海洋领域跨境法律规则衔接，加快发展海事仲裁，倾听海洋企业诉求和建议，让企业在前海舒心、顺心、安心。以上三个方面的举措将有助于前海深港现代服务业合作区成为全球海洋中心城市的核心区，并为海洋经济的发展奠定坚实基础。

（二） 主要结论和启示

1. 主要结论

前海深港现代服务业合作区拥有优越的地理区位。前海位于深圳特区的核心位置，作为香港与深圳的连接枢纽，不仅是国内全面深化改革创新试验平台和高水平对外开放门户枢纽，而且国际性、创新性、引领性特色鲜明，政策、资金扶持多样化，与香港合作紧密，具备支撑海洋产业长足发展的有利条件。前海深港现代服务业合作区广阔的地理面积，也将改善香港产业发展在用地上所受到的局限。对香港和深圳而言，二者都是沿海城市，都已经在各自的区域内布局了若干海洋产业。前海的扩容，给深港海洋经济合作提供了很大的空间。借助香港的国际化优势和深圳的创新能力，双方可以联手发展海洋科技及新兴海洋产业，加快建设现代海洋服务业集聚区。

前海深港现代服务业合作区具备显著的时空优势。前海深港现代服务业合作区的开发开放将大幅缩短香港、前海的时空距离，再加上一系列政策的出台实施，有助于打破粤港澳协同发展的要素流动壁垒，加快劳动力、技术、知识、资本等要素在城市群之间的合理流动和优化配置，进一步推动市场互联互通。前海深港现代服务业合作区的开发建设，为深港海洋专业服务业的互联互通提供了新的发展空间和重要路径。

前海深港现代服务业合作区具备广阔的发展空间。前海深港现代服务业合作区应充分挖掘深圳、香港在海洋金融、船舶交易、船舶经纪和管理、航运咨询、船舶检验、海事仲裁等重大领域的深层次合作需求，吸引海洋高端要素资源聚集。积极探索在境内外发行企业海洋开发债券，鼓励产业投资基金投资海洋综合开发企业和项目，依托香港高增值海运和金融服务的优势，发展海上保险、再保险及船舶金融等特色金融业，为粤港澳海洋服务产业合作发展搭建新平台，引领大湾区海洋经济和海洋事业发展。

2．启示

前海与香港在海洋专业服务业发展水平上存在较大差距。香港得益于国际金融、航运、贸易中心的全球重要地位，海洋经济起点较高，并通过市场科学配置资源，制定自由便利的金融政策，在涉海银行贷款融资、海事保险、信托基金、股票融资和融资租赁等业务领域基础条件良好，发展环境优越。深圳则以高新技术产业为主导，科技创新能力相对较高，且拥有广阔的腹地与市场空间，发展潜力巨大。但由于双方的体制机制存在差异，开放合作的程度不够。目前，两地在海洋专业服务业融合发展所需的人、财、物和信息等要素的流动结合上还受到制约，海洋产业链整合难以实现，区域间海洋产业合作程度以及频数有限，产业布局以及要素配置仍需统筹优化，总的来说，两地整体海洋经济协同发展的效率与水平较低。

前海与香港海洋专业服务业的合作有待持续深化。香港在构建开放型经济新体制和双循环新发展格局中的作用极为重要，海洋经济天然的开放性和国际性特征为香港发挥对外开放合作提供了重要的途径。发展海洋经济，拓展与西方国家的海洋合作，加强与海上丝绸之路沿线港口开放合作，拓展与"一带一路"沿线国家在更多海洋领域上的交流与合作，有助于我国实现更高水平的开放合作。但是近年来，在新冠疫情、逆全球化势力抬头等影响下，粤港澳同世界的联系有限，影响了海洋经济开放性作用的发挥，一定程度上延滞了我国高水平开放合作的进程，阻碍了各产业的融合发展。

前海与香港海洋专业服务业存在显著的体制机制差异。深港两地之间在不同体制机制的制约下，海洋经济往来的历史较短，双方开展合作以及信息开放的程度依旧不高。由历史因素导致的制度差异，香港实行的是市场经济体制，更为自由地通过市场实现对社会资源的配置，价值规律在其中发挥了重要作用。而深圳实行的是社会主义市场经济体制，将市场这个"无形的手"与国家宏观调控结合共同保证市场的正常运转。这种在体制机制上的不同影响了深港在开展经济联合时的效率。由此可见，为打破这种制约，前海深港现代服务业合作区还需在遵循整体战略的前提下，对深港之间开展海洋经济上的合作进行体制上的创新。

前海深港现代服务业合作区是我国实现高水平对外开放的重要平台，应遵循创新、开放、共享的原则积极开展与香港地区的合作，充分发挥海洋经济开放型、国际型的特征，持续深化与香港海洋经济合作，更好地支撑和服务大湾区海洋经济高质量发展。为推动深港海洋专业服务业的融合发展，前海深港现代服务业合作区应该做到以下几个方面：

一是优化空间布局，实现高端要素集聚。随着前海扩容规划的实施，以及各项基础设施的建设，深圳与香港之间的联系将更加紧密。未来，要以实现更高水平、更高层次的深港海洋经济合作为目标，按照海洋专业服务业融合发展的要求，科学规划前海不同地区海洋产业的布局，借助河套深港科技创新合作区等科技创新平台，吸引海洋科技资源汇聚到前海。同时充分利用港口资源，深化深圳与香港在港口建设、资源优化、公共服务等方面的联合，在合作中提高深圳、香港两地的港口服务水平。

二是发挥深港各自所长，互补带动海洋专业服务业的融合发展。要依托香港在国际金融以及交通上的中心地位，发挥深圳作为海洋经济发展示范区等特殊角色的优势，构建现代化的海洋专业服务业体系。前海在以培养海洋智能设备、海洋电子信息等高端新兴海洋产业为重要目标的同时，更应该全力发挥政策上的便利，打破深港两地要素流动壁垒与制约，借助香港的教育和研究机构，打造开放型的海洋科创平台，加大财政对于海洋科研项目的扶持力度，合作探讨海洋新兴产业的关键技术突破以及海洋专业服务业发展重大项目，依托双方优势，加快打造更具竞争力的海洋环保、海洋运输、海洋投资等服务产业，促进大湾区内海洋经济向更高层次前进。

三是打造更高的开放层次，推动科研成果的转化落地。在深圳、香港已有的学校与科研机构的基础上，建立更多的合作研究机构，发挥深圳政府对前海发展以及科技创新领域的支持优势，协作发力培养更多的海洋专业的创新人才、加快科学研究成果的落地。联合将前海打造成为国内外海洋交流的重要桥梁，借助香港在海洋教育上的认知度，建设海洋科技交流平台，吸引更多有关海洋领域的学术会议、论坛、展览会等在前海组织举办，提高前海科技氛围，推动海洋科研教育服务的发展。

四是发挥社会主义市场经济的优势，实现合作机制创新。将制度创新作为核心，在"一国两制"的前提下，实现与香港在市场规则上的相互理解、在机制上的包容，形成多元化的创新融合发展模式。着重发挥社会主义市场经济的优势，在政府与市场的双重指导下实现海洋专业服务业的高质量融合发展。发挥政府的指导功能，努力规避海洋产业发展可能面临的风险挑战，完善各类海洋公共产品的供给服务，加大对基础设施升级更新的资金投入力度。以联合打造合作平台的方式，设计多元化的海洋专业服务业相关的混合金融产品，创新海洋经济的服务体系。参考市场发育更为成熟的香港市场，形成适合前海的更加方便高效的机制，引入国际前沿技术以及高端资本，实现大湾区海洋经济的高端化、专业化以及国际化。

二、南沙自贸区

（一）案例概况

广州南沙自贸区地理位置优越，位于广州市最南端，规划总面积 803 平方千米，是珠江口沿岸城市群与香港、澳门的重要连接点。南沙区周边有大湾区所有城市，多个国际机场分布在其附近。这些因素使得南沙区拥有广阔的市场腹地，并通过周边城市连接国内外市场，地理位置优越，市场潜力巨大，辐射覆盖范围广泛。广州南沙自贸区是广州政府重点建设的自由贸易区，也是广东自贸试验区中最大的片区，面积 60 平方千米，由 7 个区块组成。

"十三五"期间，广州南沙自贸区致力于深度挖掘区域战略价值，加快促进海洋经济的高水平发展，在海洋科研创新、环境保护等海洋服务领域取得了一系列成果，南沙海洋科技创新服务业得到了迅速发展，海洋科技重大基础设施、创新平台以及科研院所等初具规模。南沙区大力发展高端航运服务，全国首个航运保险要素交易平台正式上线运行，广州航运交易所已发展成为华南地区最大的船舶资产交易服务平台；累计完成船舶交易 3 792 艘次，交易额 148.46 亿元；拥有航运总部企业 18 家，累计落户航运物流企业 9 927 家。海事法律服务能力不断加强，粤港澳大湾区暨"一带一路"法律服务集聚区建成并投入使用，涉外海事案件服务机制进一步完善。

2022 年，南沙区发布了《广州市南沙区海洋经济发展"十四五"规划》，目标到 2035 年，南沙区充分发挥陆海统筹的战略引领作用，海洋科技创新策源功能持续增强，海洋环境治理取得新成果，海洋综合管理能力全面增强，推动海洋专业服务业的现代化发展。广州南沙自贸区正在打造成为全球海洋科技创新策源地以及现代海洋服务高地，推动粤港澳海洋科研教育管理服务业发展。一是在科研创新领域，综合规划南沙科学城的发展，吸引海洋高端创新要素集聚，布局以南沙科学城为中心的海洋科技创新策源地，共建湾区国际科技创新中心。利用广深港科技创新走廊关键节点的区位优势，南沙区聚焦深海、深空、深地、能源、信息等前沿领域，加强对海洋领域的关键理论和技术的研究，建设全球海洋科学与工程创新中心。二是在公共服务领域，整合提升南沙在航运、海事、海洋调查、海洋信息、监测预警等方面的公共服务职能，依托驻地海洋管理机构、金融管理机构、科研院所和龙头企业，形成南沙科学城、明珠湾等海洋公共服务高地，提供面向全球的海洋公共服务。三是加强深海领域国际合作交流，牵头组织或参与重大国际深海研究计划。探索筹建国际海洋投资银行，为全球海洋资源开发、环境保护和国际治理提供公共产品和方案。构筑高效特色金融服务体系，引导金融机构、风险投资和社会资本向海洋领域配置。深化与港澳金融合作，积极参与粤港澳大湾区各项金融创新交易。

发展海洋现代服务业要求对资源进行合理配置，南沙将建设海洋科技、人才、金融等高端要素的集聚区。一是聚集科技和人才要素，加强海洋学科建设，推动海洋高端要素集聚区与粤港澳大湾区高等学府的产学研合作。培育大学科技园、加速器等创新主体，推进与深港创新平台的协同运转，助推广深"双城"联动发展。完善人才保障机制，强化海洋科技人才培育引育，吸引一流海洋科技创新研究团队及高端科研人员汇聚南沙。二是聚集涉海服务机构及企业要素。鼓励涉海科研机构设立分所，加快发展海洋综合管理、海洋经济管理、海洋监测、海洋咨询等海洋专业服务。依托灵山岛尖商务区引进海洋领域的总部经济型、金融服务型以及科技创新型等高端企业。培育一批集成创新能力突出的涉海高新技术企业，推动海洋产业链协同创新发展。三是聚集航运和金融要素，依托广州港南沙港区，推动更多航运服务、航运科技等板块航运要素向南沙集聚。推动航运保险要素交易平台发展壮大，持续优化航运经济发展环境。扩展航运资源要素配置、跨境金融服务等功能，与深港探索共建航运要素配置综合服务平台，推动南沙国际航运中心信息平台建设，打造粤港澳大湾区国际航运功能重要承载区。

为加快培育海洋公共服务业，南沙将从多处入手，一是大力发展海洋金融、海事仲裁、海洋咨询、海洋信息、涉海商务等海洋公共服务业，完善海洋公共服务多元化供给体系，支持发展融资租赁、保险和基金服务。大力发展货物运输保险，完善航运保险业务中介服务体系，推出船体险等创新航运险种。加快培育发展海事仲裁等航运法律服务。积极对接海南自由贸易港和深圳国家自主创新示范区建设，开展国际航运结算、支付、融资等业务。二是以南沙自贸片区为重点，建设海上风电金融服务总部基地，发展海上风电金融服务业。发挥政策性金融在促进海洋经济发展中的引导功能，引导金融服务海洋实体经济发展，支持航运交易、金融保险、海事仲裁等领域的高端涉海服务业发展。开发海洋工程咨询、评估、造价等业务，探索搭建海洋工程专业服务制度体系。三是深入挖掘海洋信息咨询、海洋资源调查与开发、海洋防灾减灾等海洋大数据应用服务业潜力，推动庆盛枢纽区块综合开发项目建设，完善海洋高端服务业载体。鼓励举办海洋经济相关的展会、论坛等交流活动，打造海洋高端国际会议门户。

（二）主要结论和启示

1. 主要结论

通过把握粤港澳大湾区和深圳社会主义先行示范区"双区"建设，南沙区将拓展与港澳全面合作的广度和深度，为新一轮科技革命和产业变革提供新动力。数字化信息技术和海洋产业的融合将推动南沙海洋产业升级，促进海洋专业服务业的现代化。南沙以构建海洋高端要素集聚区为抓手，带动粤港澳科研机构对海洋科技创新项目的联合组织与实施，加快国际航运平台建设，完善知识产权信息公共服务，探索海洋金融服务新业务新模式。

2. 启示

海洋经济潜力尚未充分发掘。产业优势主要集中在南沙区的海洋交通运输业、海洋生物制品与现代渔业、海洋工程装备制造业、邮轮旅游业等传统海洋领域，海洋金融服务等一系列新兴产业仍处于较低的发展阶段，产业潜力还没有得到完全挖掘，其在海洋产业生产总值中的占比较小，产业链条也相对较短。同时，海洋船舶工业和海洋工程装备制造业受国内外市场需求不足的影响，其效益出现下滑。

海洋科技创新动力亟待增强。海洋科研机构以及一些创新综合平台尚未形成区域合力，创新成果的转化与实现能力仍存在不足，市场化的海洋创新服务体系有待完善，海洋科技产学研一体化创新机制尚未成熟，海洋科研成果转化率也有待提高。

海洋综合管理能力仍需改进。海洋经济管理的各类职能较为分散，统一综合的海洋服务及海洋经济的管理组织及配合机制仍未得到建立，管理部门统筹能力还需提升。除此之外，管理部门与统计等其他部门之间尚未实现互通互联，共享的信息平台尚未建立，海洋经济基础数据库建设也存在不足之处。

基于南沙自贸区在海洋专业服务业融合方面存在的不足，为推动广深港海洋专业服务的融合发展，可从以下几个方面着手：

一是推动海洋科技创新发展。深度融入粤港澳科技合作，并加强与港澳在海洋科技、海洋新材料等前沿领域协同创新。强化涉海企业的创新主体地位，加强企业孵化培育能力，并建立资源联动机制，支持建设科技兴海孵化器。利用科技兴海示范基地内海洋科研机构和龙头企业的资源优势，加大力度培育高成长性中小微涉海企业，推动这些企业成为细分行业领域的"专精特新"企业。

二是加强与港澳在海洋调查监测、海洋生态环境修复等海洋服务产业领域的合作交流。提高海洋资源综合开发利用水平和海洋产业基础研究能力。聚焦高端船舶与海洋工程装备、海洋新能源、海洋新材料、海洋生物、海洋电子信息、海洋公共服务等重点领域，开展共性技术攻关与产业化研究，形成具有自主知识产权的高水平科技成果。

三是强化公共服务能力。建立健全海洋领域知识产权服务和科技金融服务体系。加快建设南沙海洋高新技术成果转化中心、南沙科技兴海产业示范基地孵化器等载体，推动海洋技术转移以及相关研究成果的转化落地。促进海洋公共技术研发中心配套、科技中介交易服务建设，打通科技成果的转化通道，探索搭建海洋科技成果转化交易平台。提升广州航运交易所在交易、服务、信息上的能力，培育发展船舶交易、航运人才服务、船舶评估等现代航运服务业。与港澳合作打造粤港澳大湾区航运联合交易中心，发展航运总部经济，提升大湾区国际航运资源配置能力。以对接国际规则为主旨，围绕促进投资贸易便利化，打造"智慧口岸"，全面提升公共服务水平。完善"政产学研金"全链条服务，支持创建南沙海洋产业创新联盟，吸引更多粤港澳及其他地区学校、企业、金融机构进驻，开展"产学研用"协同攻关。

四是加强海洋基础设施服务。发挥南沙港铁路等多式联运项目的牵引作用，推动江海联运、海铁联运和空海联运的发展，打造海运快速贸易通道，构建内外连接、高效畅通的陆海运输网络。重点发展南沙港区驳运中心，加快建设沿海集装箱驳船运输网络。依托地铁18号线和22号线打通南沙港与空港的便捷交通联系，开辟欧美及"一带一路"沿线航线，进一步拓展与香港机场空海联运通道，促进空海深度融合发展。加强与大湾区基础设施的联系，构建连接粤港澳大湾区的快速交通网络，加快建设深茂铁路、深中通道、狮子洋通道等一批重大交通基础设施，构建大湾区"半小时交通圈"，打造服务粤港澳大湾区的区域交通中心。加快南沙新区至前海蛇口、横琴新区的交通基础设施建设，推动广东自贸区片区间的互联互通。发挥国家超算广州中心南沙分中心平台优势，为粤港澳大湾区发展建设离岸数据中心提供重要支撑。

五是拓展海洋开放合作格局。充分发挥海洋对高质量发展的支撑作用，南沙广深合作"桥头堡"将得以打造。借助广州、深圳科技创新、对外贸易、金融服务等优质资源，加快发展海洋服务业，推动进一步的海洋产业合作。加强与深圳前海对接，共同推动海洋产业合作园等平台建设，共建国际一流的海洋科技创新与金融中心。充分发挥前海金融机构的集聚优势，鼓励其为南沙企业发展提供保障。加强在水上客运及邮轮旅游等领域的合作发展，共同促进广深邮轮经济发展。强化规则衔接示范和制度集成创新，重点推动港口航运、涉海金融等领域的服务合作。依托南沙科学城等重大海洋科技创新平台，联动深圳和港澳海洋资源，打造广深港澳海洋产业战略合作平台。加速南沙自贸区制度改革创新，降低外资准入门槛，减少港资、澳资金融机构进入的难度。支持涉海企业充分对接海外投资机构，拓宽企业融资渠道。加快构建高铁、城际、地铁、高快速路相互衔接的路网体系，以更畅通便捷的基础建设，联合港澳共同打造面向世界、面向未来海洋发展的对外开放门户和海洋服务群。

六是提高海洋综合治理效能。深化"放管服"改革，推动政府职能深刻转变。强化管辖海域治理管控，提高海洋行政审批效率。推进一体化智慧海洋综合管理建设，谋划海洋环境智慧监测与评价、海洋环境智慧预报、海洋环境直报、智慧经济监测评估、海洋资源一张图管理、海洋突发事件应急管理等一批需求迫切、实施效果显著的亮点工程。加强海洋观测预报能力建设，打造具有先导性、自主知识产权的海洋观测咨询技术创新体系。抓住数字经济发展机遇，推动5G、大数据、人工智能等现代信息技术在海洋领域的创新应用。开启港航行业数字化治理，提升航运数字化服务能力，加强港航数据分析和平台建设，升级港口与航运物流信息化管理与服务系统。探索发展数字渔业，加强数字渔业装备研发，搭建数字渔业服务平台。推进粤港澳大湾区数据合作试验区建设，探索促进穗港澳三地数据要素跨境开放共享。提高海洋经济数字化治理水平，加强海洋经济统计、核算与运行监测评估工作。

第四节　对策建议

一、加强海洋专业服务业人才培养

海洋专业服务业，尤其是高端类型的海洋专业服务是技术密集型产业，人才是其立业之本。因此，发展海洋专业服务业要转变传统重视硬件投入而轻视软件建设的模式，特别是对专业人才的培育模式。一是完善人才引进机制。增加海洋领域支出中为引进人才所支出的比例，为海洋服务业领域的优秀人才提供物质及精神上的保障，保证海洋专业人才稳定就业并吸引更多的人才进入相关产业。二是健全海洋服务人才培育体系。加强政策对人才培养事业的扶持力度，将更多的资源投入海洋教育中，按照海洋经济市场需求不断完善与更新海洋专业的学科和专业设计、课程内容、授课方式，建立健全的海洋继续教育培训制度，鼓励海洋相关专业学生前往偏远的海事工作一线地区，或进入基层岗位参与实践活动，采取理论与实践相结合的方式进行教育。三是认清海洋专业服务人才的培养方向。应该与现实海洋产业发展的需求相结合，确定海洋服务人才的未来方向，加大对海洋科技研究、海洋资源勘探人才，海洋金融、海洋商务等专业服务从业人员，海洋管理专业人才，海洋工程装备服务人才，海洋新能源研究与利用人才，海洋国际化人才等的培养力度。

二、发展多元化的海洋金融服务体系

健全的金融体系是海洋专业服务业发展的重要保障。一是应该提高海洋专业服务业在财政支出中的比重，特别是在海洋教育和海洋科技方面的投入；同时大力鼓励公共实验平台和核心科学技术研究机构的建设。二是涉及海事服务的银行应提高在海洋专业服务业的授信额度，并给予部分贷款贴息的优惠。三是鼓励社会资本积极了解并进入天使投资，改善天使基金在风险管控和运营模式等方面的不足，建立健全的激励约束机制；同时将政府出资专门设立的创业风险投资引导基金与国际顶尖的创业风险投资机构的基金结合，共同设置创业风险投资基金，促进社会资金流向对海洋科技型企业的投资。四是健全海洋高新技术中小企业信用担保体系，降低其融资难度。

三、优化海洋专业服务业的区域布局

我国的海岸线长达一万多公里，具有广阔的海洋专业服务业发展空间，但是海洋专业服务业的同质化、分散化问题也层出不穷。一是优化海洋专业服务业的市场准入标准。较低的市场准入标准，将不利于良性竞争，导致混乱的经营市场；过高的准入标准，又会产生垄断经营，不利于提高效率。所以，明确科学的市场准入标准将有助于产业实现长久发展。针对各种产业自身的特点，建立相匹配的市场准入标准是实现一个产业顺利成长的前提，所以发展海洋专业服务业同样必须建立科学的市场准入标准，保持一个合适的集中度，减少混乱经营以及无序竞争情况的发生。二是优化海洋专业服务业的布局结构。为了实现海洋专业服务业的长期发展，需要优化其布局结构。可以根据各地的优势资源，打造特色海洋服务集群，在具有良好海洋服务业发展基础的地区建立高端海洋服务集群。这样的产业布局可以更好地发挥各地的资源优势，推动海洋服务业的专业化和集约化发展。

四、培育海洋龙头和领军企业

一是重点培育龙头企业。产业发展的主体是企业，扶持更多创新型企业，提高企业竞争力是推动产业发展的重要环节。重点培育龙头企业，提升本土中型企业实力，挖掘和扶持更多本土潜力较高的中型企业。可设立规范的指标体系专门用于识别龙头企业。二是支持行业重组和培育"明星"企业。大力支持行业重组，在竞争和整合中实现对"明星"企业的孵化发展，提高行业应变能力。提高企业竞争力，推动产业发展，优化和提升整个产业结构。

五、发展开放型的海洋服务业

不断提高海洋服务业的国际竞争力。海洋经济是开放型经济，需要扩大开放，才能让创新的活力不断迸发。一是突出发挥区域（特别是香港）的资源优势，加大同海外各国间的协作，促进资本、科技、信息等产业要素的合理流动，促进大湾区海洋服务行业全面融入全球市场。二是出台引资引智新举措。聚焦海洋服务产业重点项目，针对海洋发达国家有实力的投资基金和财团，实施精准招商。三是打造开放合作新平台。要适应国际海洋合作新趋势，推动与各国和国际组织建立蓝色伙伴关系，共建海洋服务产业园区。

六、提升海洋创新要素融合

新一轮科技产业革命既是挑战，同时也是大湾区海洋产业转型升级的时机，大数据经济时代下海洋经济将呈现出由"智慧海洋"引领，向数字化、高端化、智能化方向发展的趋势，形成"互联网＋海洋"等新科技、新产业、新载体。敏锐地把握住世界科技产业革命大势，加快培育现代海洋服务业，成为大湾区海洋经济发展重要目标。广深港三地海洋科技创新有互通协作的目标和条件，一是要充分利用香港在基础创新、科研人员、经验等方面的优势，实现与广深两地在海洋先进制造及市场应用领域共同发展，这也是实现海洋基础研发与转化应用、加强区域间海洋产业合作、带动海洋创新链与产业链双链融合的重点。二是要加强重大创新平台建设，积极建设具有国际影响力的大湾区海洋创新中心，推动广深港建成国际一流的海洋重大科技基础设施集群。

第六章　广深莞惠现代海洋电子信息业与工程装备制造业融合发展案例研究

第一节　研究背景

随着深海、远海领域探测技术的突破，海洋工程装备产业的国际竞争将进一步加剧。与此同时，伴随着复杂多变的国际形势，现代海洋电子信息业与工程装备制造业的融合发展既面临挑战，也存在着不少机遇。本节将从国际、国内、广东省以及广州、深圳、东莞、惠州四地的角度对融合发展的机遇挑战进行分析。

一、机遇背景

新时期，新发展格局为海洋经济提供导向。广东省需抓住全球产业链重构机遇，加大重塑产业链链条与产业升级力度，促进高端新兴产业提速发展，推进建链、强链、补链力度以改革集聚更多高端要素，发挥广深莞惠四地叠加优势，打造对外开放新高地。

广东省通过打造海洋强省，为广州、深圳、东莞、惠州四地进一步提升战略定位、推动粤港澳全面合作示范区建设提供新契机。锚定海洋经济高质量发展任务，对标粤港澳大湾区建设、制造业当家、绿美广东生态建设、"黄金内湾"建设等中央和省级重大战略部署，广东省印发《海洋强省建设三年（2023—2025 年）行动方案》。此外，广东省加快国土空间规划编制审批，推动专项规划纳入国土空间规划"一张图"，深化详细规划的管理改革，强化对重大战略、重大平台的空间支撑；推动国际海洋开发银行落地，加快深圳海洋大学、粤港澳大湾区航运联合交易中心等的建设。

海洋领域新业态加速涌现。新一轮科技革命和产业变革深入发展，数字化信息技术和海洋装备制造业的融合将推动海洋工程装备制造高级化、现代化，促进海洋资源立体化、综合性开发利用，提升海洋经济要素效率，为南沙海洋经济向高端化和现代化发展提供有力支撑。

二、挑战背景

在国际环境方面，国际格局与全球治理正面临着深刻的变革，逆全球化的倾向日益明显，"灰犀牛""黑天鹅"等一系列事件对全球海洋经济产生了一定的影响，给南沙今后在吸引港澳乃至国际资本、人才、技术等高端要素方面的工作提出了新的要求。

"十四五"期间，随着经济由高速增长过渡到高质量发展阶段，一些长期积累的深层次矛盾或将进一步凸显，国家新区、自贸试验区、自由港、海洋经济示范区等对高端产业技术、人才和资金的争夺将会更加激烈，这给南沙区抓住海洋产业布局的关键节点、推动海洋经济的高质量发展带来了新的挑战。

从省市形势看，广东省海洋资源十分丰富，经济发展基础良好，但海洋经济发展存在速度与质量不平衡、区域发展不平衡、创新驱动不充分等问题。目前，如何找准大湾区与深圳"双区"驱动、"双城"联动的战略发力点，充分发挥广州、深圳、东莞、惠州四地在粤港澳大湾区海洋经济发展方面的引擎作用，既是机遇也是挑战。

具体到广州、深圳、东莞、惠州四地，面临的挑战又有所不同。广州相较于其余三市来说海域面积较小、岸线人工化程度高，可供开发利用的岸线尤其是深水岸线资源紧缺，亟待进一步向深远海拓展海洋空间。深圳具备较强的海洋电子信息产业发展基础，但是海洋产业链、供应链和创新链深度融合不足，经略海洋的能力有待进一步提升。东莞缺乏产业融合的规划设计及技术路线引导。惠州则面临着产品结构相对低端，研发设计和创新能力薄弱的困境。总的来说，广州、深圳、东莞、惠州四地各自面临的挑战亟须各地政府与企业携手应对。

第二节　现状分析

随着电子信息技术、物联网技术的飞速发展，现代海洋电子信息技术逐渐与海洋工程装备制造相融合，带动海洋工程装备制造业实现自动化控制。本节从概念、产业链形态等角度，结合广东省发展现状对现代海洋电子信息业、现代海洋装备制造业以及两者的融合情况进行阐述。

一、海洋电子信息业

海洋电子信息业是现代电子信息技术与海洋经济的交叉，本节将从产业链角度对其进行分析，并对广东省现代海洋电子信息业的发展特点作出总结。

（一）海洋电子信息业的概念与产业链构成

海洋电子信息业是基于涉海电子产品、新一代电子信息技术及应用系统等，进行生产和服务的一种产业，通过观测海洋资源，获取海洋信息，并进行制作、加工、处理、传播等作业。海洋电子信息业生产及服务活动涉及第二、三产业，包括涉海电子信息产品相关的设备生产、硬件制造、系统集成、软件开发以及应用服务等。根据海洋电子信息业涉及的第二、三产业的活动内容，该产业也可以根据软件和硬件分为两大类：一是海洋信息技术，主要用于开发、利用和监测海洋、海岛、港口资源的系统与软件研发及应用服务，包括海洋通信、海洋观测、智慧港航系统及综合信息服务；二是海洋电子设备，用于海洋环境的观测、监测和探测，提升船舶和海洋工程设备的智能化和自动化程度的电子设备。

海洋电子信息业产业链可划分为"感知—传输—数据—应用"四个层次，以及基料与电子元器件（见图6-1）。其中，感知系统，主要是对船舶、海空和空中的感应系统和载运平台的构建，以及与之相配套的工程设备的制造；传输系统，主要为海洋通信网络提供各种宽带和窄带技术装备，以及智能路由装备的制造和系统构建；数据系统，就是以数据为核心进行大数据云计算；应用系统，主要是指通过数据源、大数据挖掘成果在各领域的应用而产生的一系列分支产业链。其中，基础原料与电子元器件主要是指在海洋电子信息产业链中发挥支撑功能的电子、化学原料与元器件。

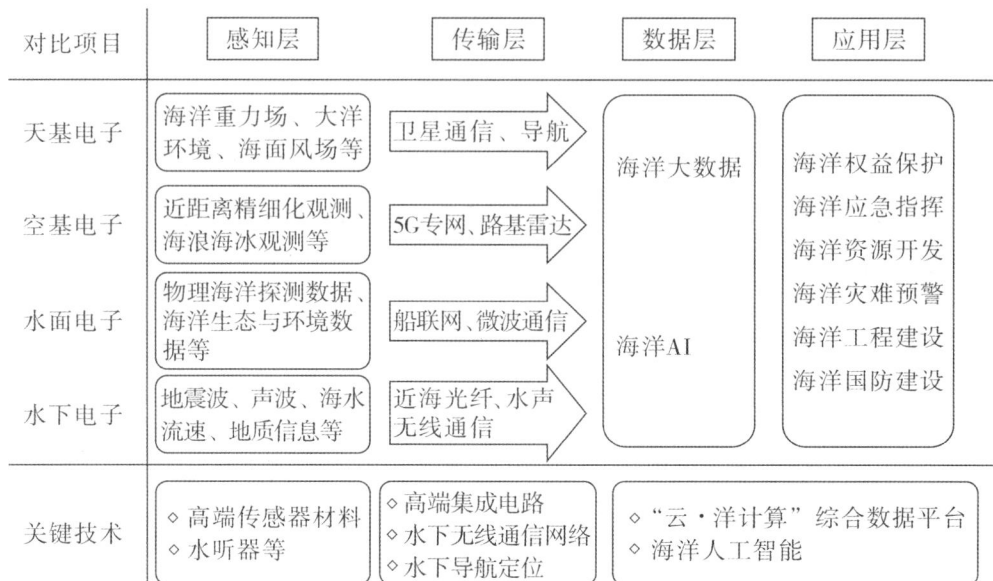

对比项目	感知层	传输层	数据层	应用层
天基电子	海洋重力场、大洋环境、海面风场等	卫星通信、导航 →	海洋大数据	海洋权益保护 海洋应急指挥 海洋资源开发 海洋灾难预警 海洋工程建设 海洋国防建设
空基电子	近距离精细化观测、海浪海冰观测等	5G专网、路基雷达 →		
水面电子	物理海洋探测数据、海洋生态与环境数据等	船联网、微波通信 →	海洋AI	
水下电子	地震波、声波、海水流速、地质信息等	近海光纤、水声无线通信 →		
关键技术	◇ 高端传感器材料 ◇ 水听器等	◇ 高端集成电路 ◇ 水下无线通信网络 ◇ 水下导航定位	◇ "云·洋计算"综合数据平台 ◇ 海洋人工智能	

图6-1 海洋电子信息业产业链体系

海洋电子信息产品主要可以分为海洋通信、导航定位、卫星遥感、探测与观测四个应用领域。海洋通信按专业又可细分为卫星通信、短波通信等，其中卫星通信已发展成为主流技术。导航定位按不同的手段分为无线电导航定位、卫星导航定位、惯性导航等，目前的导航定位产值规模主要集中在卫星导航定位，而海洋卫星导航定位还按不同国家导航卫星分为GPS、GLONASS、北斗、CAPS等，其中GPS是全球用户规模最大的导航系统。卫星遥感应用可分为光学遥感、微波遥感、合成孔径遥感等，目前国家发射了高分遥感卫星，地面遥感精度可以达到米级以下。探测与观测是海洋电子信息产业一个非常庞大复杂的分支领域，细分领域很多，按照传感手段可以分为光学视频、无线电、水声、光纤、光谱、雷达等探测观测手段。

（二）广东省海洋电子信息业发展现状

广东省是我国电子信息产业发展的前沿阵地，随着近年来对海洋经济的重视程度日益提升，广东省不少电子信息企业开发"入海"业务，助力我国现代海洋电子信息业的发展。

1.产业基础雄厚，规模增速较快

广东拥有雄厚的海洋经济基础，珠三角区域的现代海洋服务业发展速度加快，均表明电子信息行业具备良好的发展环境，这为我国海洋电子信息产业的发展提供了强大的内生动力，培育了科技创新的沃土，也孕育了创新的动力源泉。就目前来看，广东的新一代电子信息产业发展迅速，在我国新一代电子信息产业中所占的比重较大，拥有众多的新一代电子信息产业，发展前景广阔。广东已形成了华为、TCL、中兴和研祥等一大批具有较强竞争力的电子信息骨干企业，这些企业作为行业龙头企业，推动了该行业的迅速发展。

2.产业集聚明显，区域分布集中

以广州和深圳为代表的珠三角区域，既是我国最大的海工终端设备制造中心，也是目前我国海工行业发展最早和市场化程度最高的区域。目前，据天眼查统计，到2022年底，广东主营范围包括海洋电子装备生产及信息服务的单位已达2 260余家，全年新增社会企业470余家，以广州、深圳、东莞和惠州为主，覆盖了海洋应用软件开发及应用、现代海洋通信等多个领域。目前，已有中海达、海格、中兴、海能达、中山大学、华南理工大学、广东海洋实验室和南海科技中心等一批世界领先的大企业和重要的研究机构。

3.技术领域多元化，龙头企业带动

以广东省为依托，以生产、加工和工业支持为基础，以"信息系统""通信网络""感知探测"和"载体平台"为核心，深圳的电子信息产业具有完整的结构和较强的自主创新能力，在与第二、三产业相结合的过程中，一些领先的企业已经在深海探测、资源开发等领域进行了有益探索，并在海洋电子信息技术的创新和产品的应用上取得了良好的效果。其中，深圳智能海洋技术股份有限公司在水声通信、水下网络等领域具有国际领先地位；中海达公司拥有国内自主技术，技术含量高，在海洋声呐方面处于行业领先地位。一批大的、领先的电子信息企业纷纷进入海洋通信和航海导航等海洋行业，加快海洋电子信息行业的发展。

二、海洋工程装备制造业

人类开发、利用和保护海洋资源活动中使用的各类装备，统称为海洋工程装备，本节将对现代海洋工程装备制造业的概念与产业链环节进行总结，并简要概述广东省海洋工程装备制造业的发展情况。

（一）海洋工程装备制造业的概念与产业链环节

海洋工程装备投入产出与技术含量较高，生产附加值大，产业链长，产业关联度高，主要运用于海洋资源的勘探、开采、加工、储运、管理、后勤等。其中涉及海洋油气资源的生产加工等环节最为重点，是先进制造、信息等高新技术学科的交叉组合，处在海洋产业价值链的核心位置，日益成为世界各国激烈竞争的热点领域。海洋工程装备体系主要有六大类，分别是：海洋油气资源开发装备、海洋矿产资源勘探开发装备、海洋生物资源利用装备、海水资源开发利用装备、海洋可再生能源开发利用装备和海洋空间资源利用装备。当前，海上石油天然气资源的勘探与开发技术是最成熟的，它所涉及的设备种类繁多、规模庞大，是海上工程设备生产的主体。海洋工程装备体系见表6-1。

表6-1 海洋工程装备体系

	分类	发展情况
海洋工程装备体系	海洋油气资源开发装备	技术成熟，产业规模最大
	海洋矿产资源勘探开发装备	全球统筹管理有待商议
	海洋生物资源利用装备	技术水平低，不合理开发较多
	海水资源开发利用装备	应用尚处于探索阶段
	海洋可再生能源开发利用装备	发展水平参差不齐
	海洋空间资源利用装备	多样化海洋利用能力较低

海洋工程设备的生产材料以钢铁为主，其中，海洋工程设备的生产过程技术含量最高，目前该行业已被欧美等发达国家所垄断。中国航海设备的设计单位是中国航海设备技术开发有限公司和其他上市公司，如天海防务，和以中国船舶、海油工程、振华重工和中集集团为代表的海洋工程设备制造业企业。而在油田领域，有中海油服、海油工程、杰瑞股份和中信海直等代表性企业。海洋工程装备制造业产业链见图6-2。

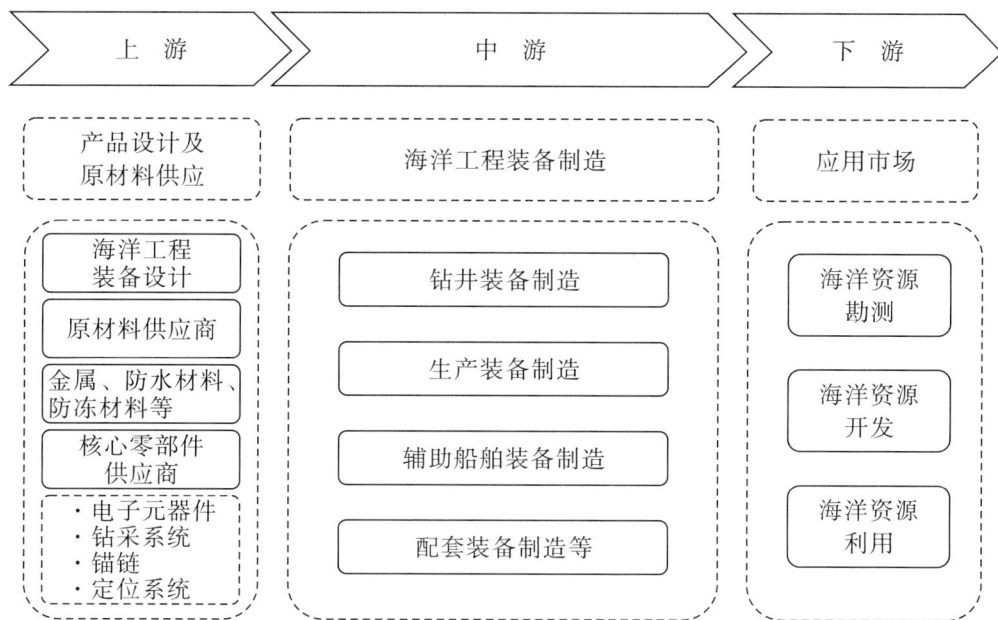

图 6-2　海洋工程装备制造业产业链

（二）广东省现代海洋工程装备制造业发展现状

广东省的区位优势和制造业基础为现代海洋工程装备制造业的发展壮大创造了必要条件，随着近年来技术成果的不断突破，广东省现代海洋装备制造业发展前景广阔。

1. 关键技术取得突破，创新成果颇丰

《广东海洋经济发展报告（2023）》统计显示，2022年，广东省海洋工程装备制造业增加值为77.9亿元，同比增长4.3%。"珠海云"是世界上第一艘可远距离控制、可在开放海域进行自主导航的科研船母船。全球最深吸力筒式海上风电项目34套导管架全部交付。我国第一个2000吨的海上风力发电装置平台——"白鹤滩"号建成投产。半潜式深远海智能养殖旅游平台"普盛海洋牧场1号"完成交付，大型深远海养殖平台"湾区横州号"投入使用。目前，世界上最大的能够抵御台风的半直航风力发电装置——MySE12MW风力发电装置正式投产，适用于我国98%的海域。亚洲首个深海导管架"海基一号"由我国自行设计、研制并投入生产，填补了我国在超大深海导管架设计与制造方面的诸多技术空白。自主研发的国产地波雷达在国际上首次突破了异型雷达组网关键技术，实现了海洋监测组网技术自主可控。随着技术的发展，一大批国之利器实现"广东造"，标志着海工装备制造向"中国创造"迈进。

2. 加快打造千亿级产业集群，向中高端转型加速

"十四五"时期，广东省大力发展海洋工程装备，打造广州、深圳、珠海、中山等多个海工装备生产基地。广东省将持续提升海洋工程装备的研发、设计、施工水平，加速向中高端海洋工程产品及工程总承包方向转变，形成千亿级海洋工程装备集群。

作为毗邻南海的主要省份，广东省的高端船舶与海洋工程装备产业发展借助资源优势与区位优势发展迅速，产业体系趋于完善，外向型经济优势明显，产业辐射能力突出，初步形成了三大海洋经济区临海工业集群。在粤西、粤东、珠三角三者中，珠三角又以我国三大造船基地之一著称。

目前，广东省已建成华南最大的龙穴岛修船基地，并将在广州龙穴、深圳蛇口、珠海高栏港以及湛江、阳江、汕尾等地开展海上工程装备的生产，在此基础上建立中船南方海洋工程技术研究院、广州国家智能海洋技术创新研究院，以及招商海洋设备研究院。在海上风力发电产业集群上，广东省将进一步推进海上风力发电项目的规模发展，目前在已规划的沿海浅水区基本完成，即将在省级管理的沿海深水区加快推进，在粤西建立 1 000 万千瓦以上的海上风力发电基地，力争将粤东地区的 1 000 万千瓦以上的海上风力发电基地列入国家相关规划，推进该基地的建设。

三、现代海洋电子信息业与工程装备制造业融合发展特征

我国"十四五"规划中明确提出，要"建设现代海洋产业体系"。《广东省海洋经济发展"十四五"规划》中也提出，要"支持海洋经济数字化发展""加快现代数字技术与海洋产业深度融合"。随着新一代信息通信技术不断涌现，海洋领域各项信息基础设施建设和信息化应用进程持续加速，我国智慧海洋迎来前所未有的发展契机，"智慧＋海洋产业""互联网＋智慧海港""互联网＋海洋智能制造"等提法不断涌现，现代海洋电子信息业与工程装备制造业的融合发展态势明显。

海洋电子信息产品的深化应用离不开向海洋工程装备业拓展。海洋电子信息业是电子信息技术与海洋经济学科的交叉领域，将电子信息产品的技术服务于科

学考察、勘探、探测监测、资源开采等海洋工程相关产业活动，具有典型的军民融合属性。海洋电子信息业包括直接来源及服务应用于海洋的硬件、软件、系统和应用服务，在海洋工程装备制造领域可以应用在智能船舶系统、海工作业管理平台、智能港口管理平台、远程监控管理系统、位置服务平台和遥感平台等的搭建。

深入应用新一代海洋电子设备，是实现海洋装备制造业向高端化发展的必由之路。在海洋工程装备中，需要将物联网、大数据、虚拟仿真、人工智能等技术，融入海洋工程装备中。其中，"互联网＋智慧港口"和"物联网＋智慧港口"是最重要的两个方面。前者是在"无人码头"的基础上，加速实现自动化港口的发展；后者则是利用新一代因特网、云计算等技术，建立涉海大数据中心与国际海洋数据库网，并将其作为一个国际化的海洋大数据中心。推动"无人工厂"及其他智能化海洋工程装备生产模式，重点发展高科技船舶及海洋工程装备、海洋仪器装备、游轮及游艇装备等海洋高端装备制造，形成以生产数字化、网络化、机器自组织为特征的"海洋工业4.0"。

（一）广州：高校集聚助推两业融合发展

广州市海洋资源丰富，现有海域399.92平方千米，大陆海岸线209.9千米，已划定港口航运区、旅游休闲娱乐区、海洋保护区和保留区4个区，作为一级类海洋基本功能区。2020年，广州海洋产业生产总值3 146.1亿元，约占地区生产总值的12.6%，海洋产业中涉及制造业、信息服务部分的产值发展迅速。广东省"十四五"规划中明确提出，要"推动广州打造成为世界海洋创新发展之都"。《广州市海洋经济发展"十四五"规划》也提出"到2035年广东省要全面建成全球海洋中心城市"的目标。从区位特点上来看，广州位于粤港澳大湾区的核心，制造业等第二产业发展前景广阔，高校与科研院所聚集，不仅能够有力推动海洋电子信息与工程装备制造业的持续发展，更使其成为两业深入融合的发展高地。

在海洋电子信息产业上，广州在船舶电子、海洋通信、海洋观测和海洋电子元器件等领域的核心技术得到了持续突破，一批海洋电子信息产业的上市企业和海洋电子信息研究机构，如中山大学、华南理工大学、广东工业大学、中国电子第七研究院、广州工业智能研究院和广州工业技术研究院等，已经形成了一个庞大的海洋电子信息产业集群。

在海洋工程装备制造领域，广州以龙洞造船基地为中心，形成了技术、实力均受全国瞩目的海工设备集群，该基地功能复合，产业链配套较好，具备造船与修船功能，服务于沿海海洋工程、游轮和船舶等，已经培养出了 31 家海洋工程设备公司。广州借助水运的优势，以核动力设备和大型设备为核心，将核动力设备、盾构轨道交通等重载设备制造业集中在南沙，促进港口产业的高级化发展。自航式沉管运输安装一体船、饱和潜水作业支持船、风电安装平台等高端船舶海洋工程装备总装的研发、设计建造和智能化程度持续提高。

海洋科技方面亮点突出，国家重大平台建设取得新进展。南方海洋科学与工程广东省实验室（广州）核心园区已竣工。广州海洋地质调查局深海科技创新中心整体入驻。天然气水合物钻采船（大洋钻探船）项目南部码头及岩心库、极端海洋动态过程多尺度自主观测科考设施建设顺利推进。推动冷泉生态系统研究大科学装置列入国家"十四五"重大科技基础设施规划。

海洋电子信息与装备制造业融合情况向好，海洋工程装备智能化发展前景光明。广州市以南沙区为重点，以南沙科学城为核心，围绕海洋工程装备与航运物流、海洋生物、海洋电子信息、海上风电、海洋公共服务、海洋新材料等领域，部署建设一批科研项目、园区和合作平台，加强核心技术研发，提升整体创新能力，打造海洋科技创新引领带，辐射带动周边地区的海洋经济高质量发展，建设粤港澳大湾区综合性国家科学中心的主要承载区。此外，通过加强与中新知识城和广州科学城的联系，共同建设"广州海洋经济的创新生态圈"。总的来说，广州凭借强大的工业基础和科技力量，在海洋管理方面，特别是在海洋监测、海洋防御和重大灾害风险控制方面，都处于全国领先地位。广州港集团、广船集团，以及其他一些大公司，都在进行大规模的智能化生产和经营，已经形成了一批重要的工业集聚区，如南沙龙穴造船基地、大岗海工装备制造区和万顷沙。

（二）深圳：雄厚技术实力夯实智能海洋制造之基

深圳市海域面积 1 145 平方千米，海岸线 260.5 千米，区位优越，在发展海洋经济方面具有明显的资源优势。2022 年，深圳全市海洋总产值突破 3 000 亿元，同比增长 3.9%，占全市生产总值的 9.7%，涉海企业增加至近 30 000 家，其中涉海上市企业达 49 家，创近年来新高。深圳作为我国 21 世纪海上丝绸之路的重要战略支点，在陆海经济连接中具有举足轻重的地位。

近几年，深圳相继发布了一系列海洋产业和海洋经济的发展规划与行动纲要，为推动国际海洋中心城市的建设作出了重要贡献。在现代海洋电子信息产业与装备制造业方面，《深圳市海洋经济发展"十四五"规划》指出，"培育海洋新兴产业新动能"，"推动海洋信息技术与海工装备等产业深度融合"，"推进海工装备高端化、智能化、特色化发展"。《深圳市海洋发展规划（2023—2035 年)》明确要求，"引导优势电子信息产业向海发展"，"加强重大深海装备、海洋智能设备关键技术攻关，推动 5G 等新一代信息技术与高端装备深度融合"。

在海洋电子信息产业方面，深圳建设了深圳海洋电子信息产业研究院，着力延伸海洋电子信息产业链，推进传统产业链转型升级，与服务业、文化、装备制造等形成联动，开展水下通信、水下智能机器人等前沿技术研究；搭建高效三维全景海洋快速遥感监测云平台，以三维空间信息平台为核心节点连接无人机、无人船、360 全景设备，并采用高性能计算设备实现无人遥感探测成果的高效、快速处理；建设海洋岩土基因库与智能决策平台，开发岩土样本基因数字检测设备、新型海洋原位精准地勘装备、海洋岩土数字化的微流动和地应力精准定量计算云平台、海洋岩土数字基因库等。

关于海洋产业的投资，深圳市举行了 2022 年度海洋产业投资博览会。2022 深圳首期海洋产业招商大会以"与海携手，共创未来"为主题，吸引了众多全球 500 强企业、中国 500 强企业、上市公司、产业链龙头企业、高等院校和研究机构等前来深圳洽谈，在博览会上签订了 7 个项目的合作框架。会议上，一批高质量的项目，如中海油液化天然气加注项目、中集集团集约一体化能源利用示范项目、国家高端海洋设备公众服务平台和海洋生物新材料中试基地等，将在深圳落地。

海洋创新载体加速落地。截至 2022 年底，深圳累计建有涉海创新载体 74 个，其中国家级 4 个、省级 22 个。深圳大学成立海洋信息系统研究中心，启动共建大鹏新区海洋研究院。清华大学深圳国际研究生院海洋生态与人因测评技术创新中心获自然资源部批准建设。深圳海洋大学、深海科考中心、海洋博物馆一体化建设持续推进。深圳市海洋活性物质工程研究中心获批组建。西丽湖国际科教城海洋产业仪器共享服务平台公共开放航次完成首航。

在现代海洋电子信息与装备制造融合方面，深圳强调自主研发、核心配套，重点突破电气系统、水下生产及控制系统、动力系统等海洋工程关键系统和辅助设备的研发创新，推动关键配套设备和系统智能化、绿色化发展，联合下游企业开展示范应用，提升海洋工程装备关键配套系统市场拓展能力；加快建设海洋工程装备检测认证平台，构建高端海洋工程装备试验、验证、评估及认证服务体系；推进深远海多功能船舶研发设计及技术攻关；成立中船深圳海洋科技研究院、招商局海洋装备研究院、广东省智能海洋工程制造业创新中心等技术平台，以"两化融合，南海开发"为重点，围绕海洋资源开发、深海装备、智慧海洋等领域深度推进两业融合。

（三） 东莞： 依托电子信息产业优势打造优质集群

东莞市位于珠江三角洲东北部，毗邻港澳，区位优势独特，沟通广州、香港及珠江口两岸，联通深圳、珠海，是中国华南地区与世界各地人流、物流和经贸往来的重要通道。其海域面积 78.5 平方千米，海岸线长 92.95 千米，深水岸线资源突出，伶仃洋与狮子洋的水域生境多样，现已建设国家一类口岸虎门港，充分带动沿海产业快速发展和产业结构转型，大力发展外向型经济，引进外资、设备和技术，并逐步发展成为国际重要的加工制造工业基地之一，成为珠三角崛起的现代制造业名城。

东莞市出台一系列政策，促进海洋新兴产业发展。东莞市"十四五"规划中提出，要"推动海洋产业转型升级"，"推动新兴产业向海发展"。《东莞市战略性新兴产业基地规划建设实施方案》中明确指出，要"以产业跨界融合和智能化发展为主攻方向"，"建设全球领先的电子信息产业基地"，"重点发展高端智能制造装备"。

在海洋电子信息产业方面，东莞市电子信息产业的规模超万亿水平，依托华为、华勤技术等行业巨头，在高端电子制造加工、智能移动终端、产业配套等方面具有突出优势。2022 年，"一种高功率密度海岛互动式 UPS 及其综合控制方法"专利荣获中国专利优秀奖，海洋电子信息科技水平稳步提升。

在海洋装备制造业方面，东莞在船舶研发和制造领域有突破，新型半潜观光游览船（趣玩水视界）、纯电池动力游船（珠水百年）及首艘 160 客位电动液压纯电帆船（珠江公主）皆顺利下水试航。

在海洋电子信息与装备制造业融合方面，东莞自主研制的 HUSTER – 68 无人船在我国率先实现了可视化的无人船协同起降。东莞市新一代人工智能产业技术研究院于 2022 年在滨海湾新区落地，成为滨海湾新区的一张"机器视觉 + 高端设备"的国家工业名片，带动东莞的产业链向中高端方向发展，促进我国海洋工程设备制造业向自动化、数字化和智能化方向发展。

（四） 惠州： 海工基础充分提供应用场地

惠州是广东省的海洋大市，拥有 4 520 平方千米的海域面积，281.4 千米的海岸线，海岸线长度和海域面积分别在广东省排名第五和第六；沿海岛屿有 162 个，占广东省沿海岛屿总数的 8.25%，沿海资源十分丰富，为沿海城市的开发提供了广阔的空间。2022 年，惠州海洋产业总产值约 1 140 亿元，约占全市 GDP 的 21%。我国的海洋工业呈现出种类日益多样化、产业基础日益扎实的趋势，各大城市的海洋工业也呈现出稳步发展的态势。

惠州市"十四五"规划提出，要"积极推动海洋经济发展"，"促进现代服务业与制造业融合发展"。《惠州市海洋经济发展"十四五"规划》表明，要"大力发展海洋电子信息、海洋新能源、海洋装备制造、海洋生物医药等四大海洋战略性新兴产业"。

在海洋电子信息产业，星河（惠州）人工智能产业园、中国移动的"粤港澳大湾区（惠州）数据中心"等一批重大工程先后在惠州落成，5G 与各行业的深度与广度都将得到极大的拓展。今后，惠州还将引进 5G 通信设备、电子器件及其他高端电子信息产业，建设成为全国 5G 通信设备及配套产业的重要基地。

在海洋电子装备制造业方面，惠州临海石化工业实现高位增长，港口基础设施日益完善。基础化工原料向高端精细化学品和化工新材料延伸发展，大亚湾石化园区 4 年蝉联"全国化工园区 30 强"第一。2022 年，惠州港"一港四区"基础设施扩能升级，新增生产性码头泊位 7 个。惠州港荃美石化码头、恒力石化码头顺利投产，惠州 LNG 接收站项目配套码头工程、惠州港荃湾港区 5 万吨级液化烃码头项目全面开工。

在海洋电子信息与装备制造业融合方面，惠州以石化能源、新材料和高端电子信息产业为重点，在惠东地区与大亚湾地区推进港产城深度融合发展，打造珠江东岸新增长极。以中国科学院两大加速器装置、先进能源科学与技术广东省实验室、离子产业园、稔平半岛能源科技岛建设为依托，建设粤港澳大湾区海洋科技创新中心和成果转化基地。

四、重点领域研究

新一代海洋电子信息技术将带动海洋领域传统装备的进一步优化升级，这将大大推进海洋信息技术装备国产化进程，增强我国海洋数字产业竞争力，更好更安全地服务海洋工程装备制造的各项应用。同时也将推进国内一批海洋工程装备高技术攻关突破与产业化进程，如海洋信息感知技术装备、新型智能海洋传感器、智能浮标潜标、无人航行器、智能观测机器人、无人观测艇、无人潜水器、深水滑翔机等，加速推动我国智慧海洋工程体系化建设及海洋电子信息技术产业的高质量融合与发展。

（一） 5G + 海洋油气资源勘探开采

当前5G在油气勘探的应用较多，主要是支撑智能勘探、开采监控、远程操控、智能管输、自动巡检运维、电子围栏、机组检测等安全保障类应用。

面对海洋能源工程中海洋环境恶劣、设备运维成本高、从业人员安全风险大等痛点，5G可结合人工智能、大数据分析、图像识别等信息通信技术，加快提升勘探、开采、输送储存等各生产环节的智能化水平，加强工程安全保障。

具体地说，在5G + 海洋油气资源勘探开采场景中，5G将贯穿于勘探、开采、输送等全流程的各个环节。例如，在勘探环节，可以对物探船的相关数据进行实时的回传，并对其进行预处理，从而提高海洋油气勘探作业和数据分析的效率。在油气开采环节中，5G技术将为钻井平台、导管架平台等设备平台提供实时稳定的数据传输，同时还可以对5G无人机或机器人进行智能化巡检及对部分设备进行远程操控。在输送环节中，利用5G对生产数据、设备状态环境信息进行实时采集与传输，还可以实现输送管道状态监测、泄漏检测、地质灾害监测等功能。

（二） 智能 + 油田钻采平台

降低成本、提高效率是目前石油钻井行业面临的最大挑战，而提高钻井速度是其中的核心。在钻探作业中，由于地层、钻头、管具及钻井液、井口动力学等多种因素的影响，钻探速度与各参数的相关性变得十分重要。以往专家会根据泵压、泵冲、扭矩等五十多个参数制订钻采计划，这不仅需要花费大量时间，而且无法标准化也不具备通用性。

大数据、人工智能技术可以将在钻井场景中生成的海量数据充分利用起来，首先以业务流程为基础，构建出包括井口、钻头、钻井液、地层在内的系统化数据矩阵。之后，使用机器学习算法，进而得出钻速最佳的预测结果。最后，在此基础上，基于钻速预测模型，反演不同钻井参数的优选方案，并给出相应的量化数值。该方法利用人工智能技术，发现各参数间的内在联系，并以不变因素为基础，对其进行调节，在确保安全性的基础上，降低钻进过程中所需的高时间成本，提高钻进效率，具有较强的适用性。

人工智能技术以数据矩阵为基础，构建出一个训练样本，再把训练样本数据进行业务分类之后，基于特定的业务分类，使用专业算法与经验公式设计出可以体现关联关系的特征工程，再选取并挂接相应的算法模型，将其应用于随钻作业，最终实现基于实时数据的钻速预测及随钻参数优化。智慧油田系统流程见图6 – 3。

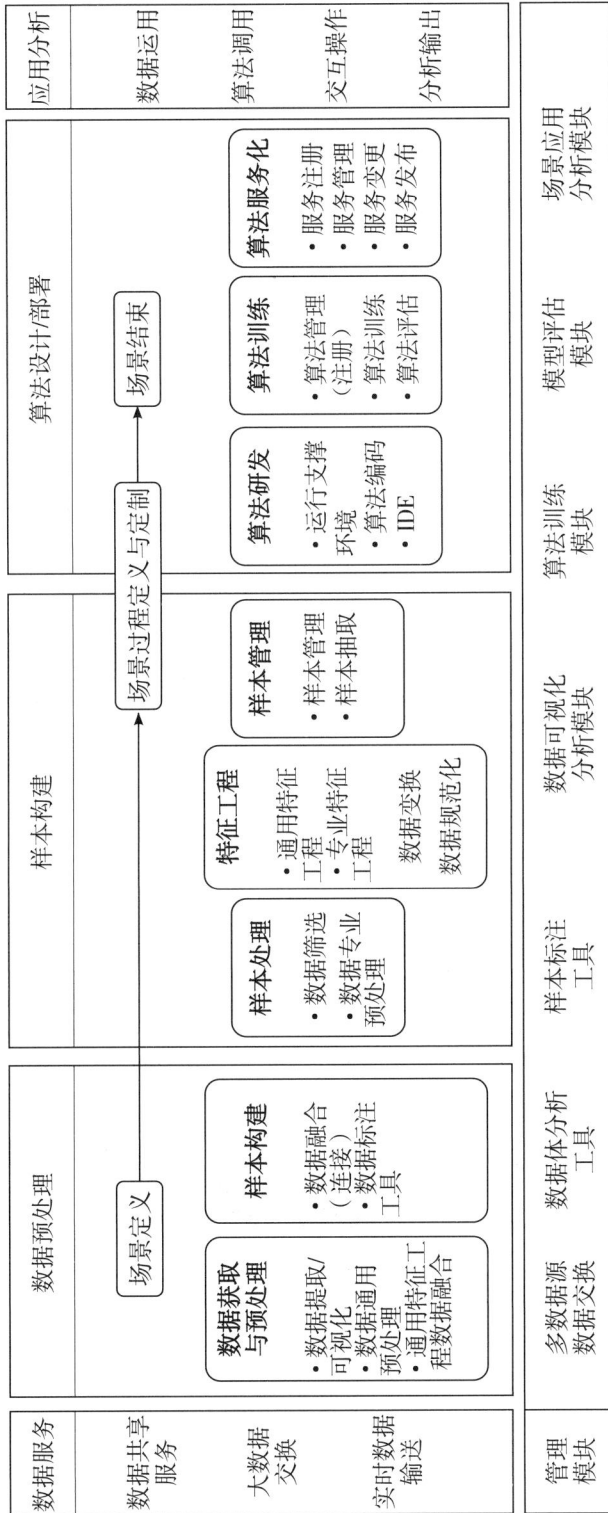

图 6-3　智慧油田系统流程

（三） 智慧 + 油气平台运维服务

油气生产平台之间的物资运输需要依赖拖轮或大型的油气运维船，导致运输成本及运输时效居高不下。此外，油气平台周边海底油气管道以及海底电缆交错分布，过往船舶随意抛锚极易对水下设施造成一定的损伤，影响油气平台的稳定运行，油气平台缺乏对周边水域的安全监管。而海洋油气运维无人艇能够搭载多波束测深仪、浅地层剖面仪等设备进行海缆、桩基检测，行之有效地获取相关数据，并以此作为支撑，确保海上风电安全生产。同时，在外围巡逻警戒方面，无人艇能够搭载远距离取证光电设备、高清摄像头、喊话器等设备执行日常巡航、侦查取证、警戒驱离等任务，保障海上风电平台及油气平台周边水域安全。

与传统人工作业相比，海上智能无人艇具有船体灵活、检测效率高且循线精准、数据质量可靠等突出优势，且所耗费的燃油成本、碳排放成本、人员成本、作业时间都远低于传统作业。无人艇入水后工作人员可以通过油气平台的控制基站，采用远程遥控或者无人艇自主航行的方式执行分配的相关任务。无人艇通过搭载储物箱便可以轻松实现平台群及各平台之间的小型物资运输，为各油气平台的工作人员提供强有力的后勤保障。传统方式与无人艇作业工作情况对比详见表 6-2。

表 6-2 传统方式与无人艇作业工作情况对比

对比项目	传统方式	无人艇作业	成本分析
燃油成本			92%
碳排放			92%
人员成本			80%
作业时间			50%

（四）　工业互联网 + 油气田生产分析和管理

油层是油气田的核心，如何对其进行最优开采，是实现智能油气田的重要环节，特别是在数字化转型的大潮中，如何对油气田的生产进行实时、准确、协同、高效的跟踪、诊断与优化，是智能油气田建设的重要着力点。

基于油藏、井筒、地面管网的数据体系，智能油气田生产分析和管理系统以油气开采为核心。该系统能实现实时生产监控、智能问题诊断、精准动态分析、开采模拟等功能。同时，该系统基于业务流程管理（BPM）系统，能实现问题处理全流程的优化与检验，基于业务闭环实现不同业务之间的完全化协作。该系统能将自动工作流程和手动工作流程实现流程组合，实现业务优化，提升人工处理决策效率，并能够应用于多种生产场景。

工业互联网 + 油田生产服务面向公共云（iEnergy）和面向客户的私人云（服务器）两类部署应用。除此之外，在应用场景方面，系统在部署时，会按照用户需求，为其定制功能和成熟的解决方案。除此之外，用户还可以自定义系统化的管理平台。当前已有六大成熟应用场景，包括了作业区生产岗位日常管理、专项技术研究、跨岗位协同分析、油田安全生产管理、模型自动拟合和生产闭环。智慧油田工业互联网管理系统见图 6 - 4。

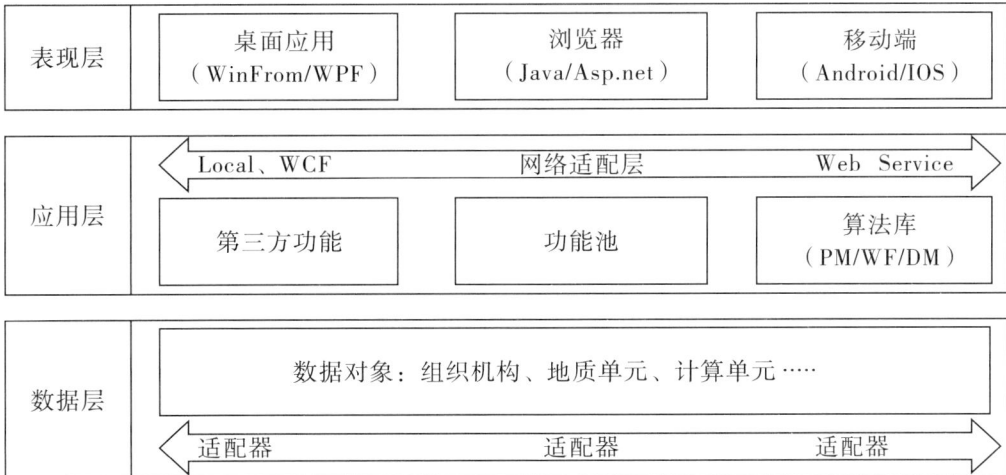

图 6 - 4　智慧油田工业互联网管理系统

该系统将工业互联网技术高效运用在海洋装备制造和油气开采领域，贯穿计划制订、运行环节、技术支撑、后续服务等多种应用场景，可以实现技术和管理的高效协同，大大减少了人力资源的投入，加快了数据向决策的闭环速度，从而对生产运行时间作出最优化的响应，也可以更快地挖掘出油气田的潜在产能，确保油气田的长期稳产高产。

五、广深莞惠现代海洋电子信息业与工程装备制造业融合发展现存问题

近年来，现代海洋电子信息业与工程装备制造业融合情况向好，但仍然存在发展障碍亟须解决，本节将结合广州、深圳、东莞、惠州四地的发展情况，对其现代海洋电子信息业与工程装备制造业融合发展过程中存在的问题进行总结。

（一）广州：海洋产业协同创新机制急需完善

海洋经济潜能尚未充分发掘。广州海域面积狭小、岸线人工化程度高，可供开发利用的岸线尤其是深水岸线资源短缺，亟待进一步向深远海拓展蓝色空间。广州现代海洋电子信息业与装备制造业融合成果在海洋产业生产总值中占比较小、产业链条较短，加上海洋船舶工业受国内外市场需求不足影响，近年来广州海洋工程装备制造产业效益有所下滑。

海洋科技创新动力亟待增强。海洋科研机构和创新平台尚未形成区域合力，创新服务体系的市场化进程仍需推进，海洋产学研一体化创新机制尚未成熟，海洋科研成果转化率有待提高。

海洋的一体化管理缺乏。目前还没有形成海洋经济发展的统一组织、领导和协调机构，对海洋经济的管理职能过于分散，海洋部门的统筹能力还需要进一步提高。目前，我国还没有建立起由有关部门进行数据共享的信息平台。

（二）深圳：海洋企业创新潜力有待激发

融合场景有待挖掘，企业下海渠道尚未畅通。深圳海洋电子信息行业的不少战略性新兴产业企业，如邦彦技术、海能达、云洲创新、汇川技术等，在船舶电子、海洋观测和探测、海洋通信和海洋电子元器件等海洋电子信息领域不断取得关键技术的突破，但目前仍存在海洋战略性新兴产业占比较低、优势产业下海难等问题亟须解决。

关键高端配套设备依赖进口，产业链整合能力有待提升。目前国外供应商在

深海、远海装备中占据垄断地位，如水下采油树、动力定位系统（DP）、钻井包等。深圳作为粤港澳大湾区核心引擎，承担着建成全球海洋中心城市等重大战略使命，在海洋高端装备制造业方面，更应该推进海洋高端装备制造的国产化进程，推动信息技术赋能海洋工程装备制造。

海洋领域对外合作有待加强。深圳与国内其他城市在海洋领域的合作不充分，参与海洋国际事务不够深入，国际交流合作层次低，缺少合作机制。在粤港澳大湾区内，对珠江流域污染治理、港口同质化竞争等关键问题的统筹与合作机制仍有待完善。

（三）东莞：海洋产业协同基础仍需夯实

海洋工业的空间布局需要进一步优化。目前，东莞市已初步形成麻涌港区、沙田港区、沙角港区、内校港区四大主导区，但尚未形成完善的区域分工体系，各区间合作不紧密，竞争无序，不利于产业结构合理化，容易产生"同质"问题，造成海洋资源开发利用不足，利用效率亟待提高。虽然港埠经济在本地海洋经济中占有重要地位，但是由于与港埠产业的重叠，使得其产业链尚未形成。

加强海洋基础设施建设。目前，东莞市已建成万吨及以上泊位 31 个，东莞港在麻涌港区和沙田港区实现了"万吨及以下"的规模化发展，但目前对"万吨"的认识还不够深入。东莞港的码头泊位，由于不同的投资方、不同的档次、不同的建造和运营时间，导致了邻近的码头前沿水域、入港通道、助航标志等的建造和维修工作各自为政；淡水河口、沙田河口两大河口区域，其航道、助航标志与港口的发展不相适应，且未进行统一的规划与养护，这不仅会影响到船舶的航行安全，还会降低港口的运行效率。与此同时，东莞渔港在基础设施建设上存在装备落后、区域空间狭小、港池距居住区较近等不利因素，这些问题在新湾渔港尤为突出。另外，目前港口建设水平不够高、停泊场地有限，难以进行转运和装卸作业，港口的通航环境需要进一步优化。

（四）惠州：产业链延伸路径尚需探索

惠州海洋电子信息业与工程装备制造业的融合有待推进。惠州以临海石化为代表的第二产业所占比重过高，对沿海其他产业部门产生排挤效应。现有主要海洋产业的产业链存在结构性缺陷，暂未形成链条化、精细化的产品链，难以满足市场的特色化、差异化、高端化产品需求。

海洋科技创新能力和投入不足，海洋科技总体水平较低，推进海洋科技自主创新体系建设力度不够，缺乏海洋科技发展相关规划。惠州海洋科技支撑力度不够，创新力度不足，海洋经济竞争力不高；海洋综合管理队伍、海洋环境监测、海洋测绘、海洋发展战略等人才欠缺，尤其是海洋科技人才、科研机构和院校紧缺，与发展需求相差较大。

涉海基础设施建设相对滞后。当前，惠州港吞吐量虽然突破了一亿吨大关，但是其中 90% 是货运码头，公用码头还不到 10%，尤其需要关注的是已经建成和投入运营的公用码头都处于超载状态，但实际通过能力还不到其设计通过能力的二分之一。我国的渔港建设相对滞后，目前已有的渔港分布密集、规模较小、基础设施较差且功能较单一，不能适应现代海洋渔业的发展需要。大众性休闲码头及旅游交通基础设施的建设相对滞后，与发展高端滨海旅游业仍有很大差距。

第三节　案例分析

海洋工程装备制造是一个投资高、风险大的行业，该行业对研发机构、施工单位、施工经验和资金实力等方面都要求较高。当前，全球大型海洋工程装备制造企业主要分布于欧洲、美国、新加坡、韩国等国家与地区。其中，欧美、新加坡等国家和地区主要从事深水与超深水高科技钻井设备的研究与开发；韩国海上设备的制造主要围绕三大造船企业，集中于生产价值较高的海上生产设备和石油钻探平台；新加坡海运企业中，吉宝岸外是其中具有代表性的大型造船公司，产品主要是自升式钻探平台及生产设备；中国拥有数量最多、品种最全的造船厂，具备多种型号海运船舶的生产能力。世界海事设备的生产从最初的以欧美为中心，到后来逐步转向亚洲。在组装方面，中国、韩国和新加坡三方在过去三年间占据了超过 80% 的世界市场。

全球海洋电子信息产业以美国最为发达，英国、北欧等部分国家和地区处于领先地位。在通信网络方面，美国和欧洲海洋通信业务主要依托 INMARSAT、Globalstar 等卫星通信系统。以美国为例，有摩托罗拉、L3Harris 等世界级通信网络企业。在感知探测领域，代表性公司包括位于硅谷的劳雷工业公司、LinkQuest 公司、TRDI 公司等，产品如声学多普勒流速剖面仪、回声探测仪等海洋仪器装备处于世界领先地位。国内的海洋电子信息产业的细分领域多且分散，而环渤海、长三角、珠三角地区的产业聚集明显。同时，华中、西部地区也具备一定的产业聚集，目前主要有北京、天津、石家庄、青岛、哈尔滨、上海、南京、苏州、杭州、深圳、广州、武汉、长沙、西安和成都等产业聚集重点城市。

本节结合国际与国内视角，对欧盟、美国以及天津的现代海洋电子信息业与工程装备制造业融合发展的项目进行分析，探究适合广深莞惠四地进一步融合发展的经验。

一、欧盟地平线项目（H2020）

2021年3月，欧盟公布了《"地平线欧洲"2021—2024年战略计划》，以指导其在全球范围内的发展。该计划确定了在科技、环境、经济和社会等方面的四项主要战略目标，其中包括领导关键数码技术、智能技术和新技术以及有关价值链的发展等内容。这一计划将围绕科技、环境、经济和社会四大战略目标，并将其划分为六大类，进行有针对性的研究和创新。这项计划的战略目标具体包括了"大力发展蓝色经济"以及"支持开发和掌握人工智能、导航定位、数据和通信技术等新一代数字技术和关键使能技术"等提法。在此基础上，形成了一系列与智慧海运和智慧船有关的项目，如NOVIMAR、AUTOSHIP和AEGIS等。

（一）NOVIMAR半自动船舶编组项目

1. 项目概况

NOVIMAR（Novel-Transport and MARitime Transport Concepts）项目得到了欧盟以及相关科研机构的支持，如贝尔格莱德大学。该项目由22个欧洲学术机构、研究机构和有关企业共同发起，其中包括荷兰海洋技术联合会和一家名为Scandi-NAOS的船舶设计公司。

NOVIMAR引入了轮船火车（Vessel Train）的概念，以提高水上交通的整体效率。舰船群是一种多船的编队航行系统，由一艘含船员的领航船，以及不同等级的载人或无人跟随船共同组成。该课题将从"概念提出—虚拟仿真—模型试验—实船试验"四个方面，对海上列车系统的体系结构、虚拟仿真与物理试验开展深入的研究。项目完成后可实现更低的操作费用和更高的规模效益，同时可大幅提升小型船舶的经济效益。这又能使小型船舶更容易进出市区，进而缓解人口密集区的交通堵塞。

多所高校、科研院所和大型船舶共同对该项目进行深入而全面的研究，经过四年半的努力，NOVIMAR 项目终于在 2021 年 10 月底完成。通过该课题的研究，学者认为在特定的条件下，船队运输理论上是可行的，并且能够保证安全性，还有可能发展出一种可行的船队运输模式。2021 年 3 月，在荷兰以实船形式成功展示了船队式运输的理念，主要航线集中在莱茵河河谷和沿岸。

2. 经验借鉴

NOVIMAR 项目拟采用虚拟仿真、数字航道感知等技术，结合新一代舰船雷达、电子海图、舰船自动识别、GPS 系统等技术进行舰船编队设计，以提高舰船编队设计的可靠性。它的发展经历了从提出有关概念，到虚拟模拟计算，再到物理实验（包括在船型、控制结构等方面的探索）；在此基础上，提出了一种基于数字水印技术的水印方案，以探索智慧港口、货运调度和商业模式，进一步深化了对内河海洋环境下船舶编队运营模式的认识，推动了相关行业不断发展。

新一代电子信息与船舶装备的结合，促进了运输成本的降低，在同等人员配备水平的情况下延长了运行时间，使得内河船舶可以延伸到城市里从而触及该环境下的最终用户，使内河航运可以充分发挥其功能和作用。此外，船队协同还能推动交通方式由陆路向水运的转型，在缓解交通拥堵，提升人身、财产安全的同时，还能降低供应链整体环境影响。

（二）AUTOSHIP 自动化智慧船舶项目

1. 项目概况

AUTOSHIP 是康士伯公司联合挪威海洋技术研究所 SINTEF Ocean AS、苏格兰思克莱德大学、比利时海洋物流公司 Zulu Assiociates 等机构共同合作的一个项目，目的是将挪威海事集群的海运技术和海洋资源，用于开发具有高增值价值的智能船，以提高欧洲造船和水运产业的国际竞争力。该计划在 2019—2023 年开展，采用小型无人运输船，从减少海事人员配置、提高航线适应能力两个角度来降低海事费用。在这个计划中，有两条已经实现了自动控制的船舶穿越了欧洲的海域，并执行了导航任务。第一条是挪威西部海岸的鱼食输送船，另一条是为比利时北部的法兰德斯而建造的一条内陆货船，这两条都是改装过的 AUTOSHIP 项目的自动航船。这两条船在航线上的差异对无人航海技术有不同的要求，第一条船驶向靠近挪威的短海，会面临气候的巨大挑战；而后者则需要在封闭的内陆水路上行驶，这甚至要比在远距离海域行驶更富有挑战性。

随着一系列典型航行的操作得以实现，该项目向世界展示了远程操控和自主航行技术成功应用于普通货船的可行性。在航行演示期间，康士伯的新技术得到了广泛的应用，包括自动离港和自动进港、姿态感知系统、自动导航系统、智能机械系统、连接和网络安全系统、远程操控中心和 DP 系统。基于云的通信系统和高级模拟系统也参与其中，以测试和确保船舶安全和处于最佳运行状态。

2. 经验借鉴

从技术角度来看，该项目实现了人工智能技术与海洋工程装备的融合。项目中的自动航行技术类似于汽车自动驾驶，体现了人工智能技术与海洋船舶的技术融合。该项目集合了船舶控制系统、船舶到岸的数据链接系统、岸上系统三部分，其自动航行功能的实现依托于态势感知的子系统，如传感器、定位系统或摄像机以及其他能够检测障碍物的技术。来自这些传感器的数据被组合在一起，被称为传感器融合，然后反馈到船舶的自主导航系统中，该系统根据这些数据作出操纵决策，还可实现自动泊位以及自动穿越功能。在使用基于人工智能的计算机视觉系统扫描环境和检测障碍物方面，传感器融合系统在一个名为"自动识别系统（AIS）"的指挥下使用应答器跟踪附近一定范围内的每一艘船，并形成实时信息反馈及处理。随着完全自主导航系统，智能机械系统，自我诊断、预测和运行调度，集成通信技术等相关关键技术的升级与突破，船舶装备将加速融入自主导航和人工智能这两大新兴领域，从而增加水基运输的吸引力并降低碳排量，提升航行效率。

（三）AEGIS 多式联运系统

1. 项目概况

AEGIS 意为先进、高效、绿色的多式联运系统，由来自挪威、丹麦、芬兰、德国 4 个国家的 12 家高校、公司和科研机构共同研发，项目周期为 2020 年至 2023 年。AEGIS 项目力图对小型船舶及港口、近海和内河航运资源进行整合，其目的是发展欧洲新型的水上交通系统，提高船舶运输的利润率，构建智能、绿色和一体化的交通系统。

AEGIS 项目计划在北欧开展三个应用场景，以评估设想的新物流系统的量化效益。场景 A 是从欧洲大陆到挪威西海岸乡村的子母船系统，场景 B 是比利时和荷兰的近海内河联运，场景 C 是振兴丹麦的区域港口和城市中心码头。AEGIS 在三个应用场景中分别设计了不同的船舶类型，这些船舶设计概念尚处于策划设想阶段，将在项目过程中进行开发和改进，其共同点包括：一是低碳排放甚至是零排放，二是在船舶航行阶段与货物装卸作业两方面都实现高度自主。AEGIS 项目体系见表 6-3。

表 6-3　AEGIS 项目体系

场景	内容
A	子母船系统，子船负责在遮蔽水域内运输货物
B	在内陆水道中运行滚装船
C	振兴区域码头经济

2. 经验借鉴

AEGIS 项目将海洋信息技术应用于智能船舶与港口，形成公路、铁路、水路自动化联运的解决方案，体现了海洋装备的智能化、数字化、绿色化发展方向。该项目通过开发近海和内河航运新技术，包括船舶和港口之间的数字信息交换、船舶港口以及货物装卸作业的自动化技术、更多样化的自主船舶、更灵活的船队编组、标准化货物单元以及数字连接的新解决方案，使水路运输更加灵活地为用户服务，进一步减少碳排放对环境的影响，最终将水路运输延伸到物流链的"最后一公里"。

二、美国休斯敦海洋工程装备集群

（一）项目概况

休斯敦是美国石油工业的发源地，也是全球石油化工中心。超过全美 45% 的基本石油化工产业，以及 45 个全美最大的能源企业（前 200 名），都位于休斯敦和墨西哥湾，包括美国液化空气、阿托菲纳、贝克休斯、杜邦和丹麦托普索等。休斯敦作为全美国第四大城市，拥有美国 26% 的石油和天然气开采企业。

休斯敦依靠石油巨头和大能源公司的领先优势，将新一代电子信息技术融入海洋装备制造业中，促进了信息技术在海洋石油勘探和开发中的应用。康菲、埃克森美孚、壳牌、英国石油和雪佛龙等全球石油产业巨头都在休斯敦建立了自己的生产和研究中心。在石油地质勘探 3D/4D 地震图、光纤和数字化油田、深水浮式海洋平台以及化工科学研究等方面，它们都处于全球的领先地位，共拥有 28 个与海洋相关的专利、15 个创新机构。

休斯敦在深海工程设备方面具有技术上的独占性。海洋工程装备，特别是在深水区域，由于技术含量高、投资费用高，因此进入壁垒很高。例如，壳牌在墨西哥湾拥有 5 个深水及超深水开采中心、3 个深水及超深水开采平台和多到数不清的水下开采系统，以及墨西哥湾最庞大的钻探船队，这些都需要高科技与高投入。其中，深埋于海底的柱状平台，以挪威公司和美国公司为主，而休斯敦公司则是世界上最大的海上石油公司，拥有超过 60 年的设计经验，为世界上最大的海上石油公司提供了超过 100 个海底柱状平台，其中 30 个还在建设之中。

近几年，休斯敦多家大型石油企业纷纷与信息技术与通信（ITC）产业企业结成"战略同盟"，加快了海上设备制造企业的升级换代。比如贝克休斯集团与通用电气集团的合并、哈里伯顿集团与微软集团的联手、威德福集团与英特尔集团的联手、斯伦贝谢集团与罗克韦尔集团的联手，都是为了争夺石油行业的领先地位。埃克森美孚的 XTO 能源公司运用了微软的 Dynamics 365、Azure、机器学习以及物联网（IoT）技术。包括 Azure 在内的微软平台数据湖，将会为埃克森美孚公司提供在二叠纪海盆的快速集成第三方解决方案。例如，移动领域的数据应用可以对井下作业进行优化，而人工智能的钻探与完井技术则可以实现数据可视化与实时分析。

（二）　经验借鉴

休斯敦聚集了海洋装备制造业全产业链企业，包括石油公司、供应商、大型本地机械和金属制品公司，以及咨询服务公司。休斯敦依托雄厚的石油勘探开采行业基础，推动海洋工程装备制造业实现转型升级。

重视海洋产业人才教育培训，为产业融合提供人才基础。为保持海洋工程技术的全球领先地位，休斯敦特别重视海事人才教育培训。海事从业人士、学术界、工会和经济联盟共同提出了"休斯敦港口海事教育计划"，致力于培养海洋人才。

休斯敦港湾海洋教育项目与加利纳园区中学、休斯敦社区学院等一流中学和大学建立了伙伴关系，还与得克萨斯南方大学、得克萨斯农工大学等知名高校也建立了伙伴关系。除课程外，还与美国海岸警卫队、美国海关和边界保护局等机构合作，这些机构为学生提供实习机会。此外，该项目亦会通过航海教育课程，向学生发放奖学金，以协助他们在事业上的成长。

构建海洋技术交流平台，促进产业发展要素充分涌流。海洋技术会议（OTC）是由美国石油工程师协会（SPE）于1969年创办的，现已发展为全球最具影响力的油气资源开发及环保展会，并被誉为美国、加拿大、欧洲最具影响力的海洋合作促进平台，更是美国休斯敦年度最具影响力的国际性会议。此外，休斯敦举行"世界海事会议"，推进了国际尖端技术的合作与交流，以及对传统海洋工程装备的改造。

三、海油工程天津智能化制造基地

（一）项目概况

海油工程天津智能化制造基地，是中国第一个集海上石油和天然气设备生产为一体的综合生产基地。它的智能工厂占地面积57.5万平方米，由3个智能制造中心、7个辅助车间、8个组装站组成，年生产能力达8.4万吨，并具备了可供大型海洋工程船和FPSO停泊的优良港口资源。基地重点发展油气生产平台及上部模块、FPSO模块、LNG模块等高端海工产品，目标是建设成一个集海洋工程智能制造、油气田运维智能保障、海洋工程技术原始创新研发平台等功能于一体的综合性基地。

2023年7月，海油工程天津智能化制造基地二期工程在天津市滨海新区正式开工，二期工程新增建筑面积约1.88万平方米，将建设一条年加工能力2.2万吨的结构管线智能生产线，实现生产和质检的自动化、智能化。海油工程天津智能化制造基地（一期）自从2022年正式投用以来，累计完成渤中19-6等10余个重要海洋油气装备单体制造，钢材加工量达4.6万吨，一个月就将有7座单体完工装船，迎来投产以来的施工最高峰。通过应用信息化数字系统和智能化生产线，基地全场产线工效提升25%，总装效率方面较传统制造模式提升约30%，实现高效率及时生产和高质量准时交付。

（二）经验借鉴

依靠雄厚的制造业产业基础，加强海洋产业链全链协同。海油工程天津智能制造基地依托京津冀经济区，具有较强的高端制造业基础，其所处的滨海新区已形成"海洋石油天然气设备""高科技船舶""港口工程设备""海水淡化设备""海洋可再生能源设备"五大产业集群，成功搭建产业链，配备了博迈科、海王星、太重滨海、新港船舶、海油工程等龙头企业、上下游配套企业以及高科技企业。海油工程天津智能化制造基地是我国海上油气装备制造业数字化转型的一个新的里程碑，通过 5G、工业互联网、人工智能等先进技术，为海上油气装备产业提供数字化、智能化的运营管理模式，同时也促进了海洋石油工程股份有限公司的运营管理向数字化主动转型。该项目从投产到现在，已完成了 10 多台海上石油天然气设备的单件生产，钢材加工 46 000 吨。在此基础上，实现了海洋工程信息技术在海洋工程装备制造上的全面应用，使得海洋工程装备制造的整体工作效率提高了 25%，工程工效提高了 12%，在最终装配效率上比传统的加工方式提高了 30% 左右，并实现了新一代海洋生物技术与海洋工程技术相结合的目标，促进了我国海洋生物技术产业的快速发展，推动奠定了天津在我国海洋生物技术领域领航区的地位，并为国内其他海洋生物技术的发展起到了示范作用。

第四节 对策建议

一、广州：延链补链，加速科技成果转化

推进产业链现代化。积极推进以船舶与海洋工程装备需求端升级为导向的产业链升级，并对产业链的上下游配套企业进行重点培养。推动产品结构的优化调整，大力发展海上采油、储油、卸油、深水半潜平台、深水载人潜水器、综合物探船、海洋勘测船、起重铺管船等海洋工程装备。

加大对关键技术的研究力度，加快产业化进程。以海洋石油天然气、海底矿物和极地资源为主体，以大规模、高端、深水、智能化为目标，强化关键技术的

协同攻关，培育出一批世界一流的海洋工程企业。加强高端船舶设计建造技术的智能化、模块化，推进上下游重点配套设备集成化，加速设计制造核心技术攻关，争取在深海锚泊及动力定位控制系统、水下油气生产系统工程技术等关键技术研发上取得突破。推动无人驾驶飞机、无人驾驶船等工业的发展。在海洋清洁能源开采、深海油气装备、液化天然气设备、海水淡化设备、海洋科考船等方面，加大技术研究和开发力度。

建立海上设备保障平台。在绿色智能船舶、智能产品及其配套设备、高端海工装备等方面，大力推进中船广州智慧海洋创新研究院的建设。促进海洋工程安全与性能检测行业的发展，培养出在国内具有领导地位的高端船舶与海洋工程装备的检验检测认证公司。

二、深圳：打造核心技术优势，整合海洋产业资源

充分发挥深圳技术优势，大力支持电子信息企业向海洋领域拓展。以多维应用场景为牵引，搭建智慧海洋服务平台，为海洋资源开发、交通运输、公共服务、休闲娱乐等领域提供全面技术支撑。开展海洋观测监测、自然资源调查等海洋信息应用领域的技术研发。推进海洋大数据平台建设，全方位推动海洋大数据采集传输与分析应用。探索海上、水下数据存储技术路径，推动海洋信息采集立体化、存储便利化、传输一体化、处理与呈现智能化、管控全过程可视化。

推进核心设备及零部件国产化，提升关键配套设备智能化水平。联合海洋工程装备企业开展示范应用，突破水下电气、水下控制、动力推进、通信导航等通用关键配套系统设备研发。推进云计算、物联网、人工智能等技术进一步应用于勘探开采、运维巡检、维修清洗等特殊应用场景，推动主动定位、智能感知、智能航行等专用智能化配套设备研发。支持船舶及海洋工程装备智能终端、船载通信导航、监测探测设备的研制、开发与示范应用。加快海洋专用芯片和板卡、海洋传感器、海洋仪器等关键零部件及设备的产业布局。

整合优势资产，积极推动与国内涉海城市的海洋产业链、创新链跨域合作。充分利用深圳在投融资领域、国资改革领域的优势和经验，鼓励深圳企业、国资平台通过收购、并购、控股、参股、战略投资等多种途径整合国内优质涉海资产。鼓励国内涉海科技企业、高校和科研机构在深圳建立技术研发中心、产业研究院

等新型研发机构或技术转移部门，实现市场化、企业化发展，使深圳成为国内海洋科研机构重要的合作对象与市场化转化平台。

三、东莞：加强区域合作，持续壮大海洋产业

加强顶层设计，创造良好的融合发展外部环境，包括法律环境和市场环境。持续完善相关法律和制度设计，如科技发展政策、知识产权保护政策、鼓励企业发展的优惠政策等。要注重充分发挥市场和企业的作用，在促进海洋工程装备制造业发展的过程中以企业为主体，调动市场活力，推动产业集聚。从激励自主创新、鼓励新业态等角度，研究出一套能够指导、牵引、激励、约束、监督、调配海洋工程装备产业发展的政策，形成能够延长产业链和促进产业结构优化升级的政策手段。要进一步健全知识产权保护体系，为实现关键核心技术和高端技术的突破创造条件。

以大型海洋工程装备制造业企业为龙头，推进产业集群效应，形成上下游产业配套，推进企业降本增效，在集聚中加强技术交流，提升自主研发能力。将主攻方向集中于海洋油气平台、海洋钻探船、海洋工程作业船、特种船舶、科考船等。以东莞市现有的电子信息产业为基础，通过"嫁接""延伸"等方式，促进海洋电子信息业和海洋经济的发展。

强化海上新基建支撑能力。根据国家和地区战略需求，为各类海洋工程建设提供装备、数据和技术支持。开发海洋大数据技术和智能化海洋工程平台，支撑海洋立体观测网络、海底光电缆管道工程、海洋大型综合保障平台等海洋基础设施建设。

四、惠州：构建海洋产业集群，加速区域协同化发展

推动龙头企业产业聚集，促进海洋工程装备制造智能化升级调整。近年来，惠州迎来了中海壳牌、埃克森美孚、中海油等众多石化龙头集聚。在此基础上，惠州可实施海洋工程装备业龙头企业培优工程，建设产业化龙头企业总部基地，支持龙头企业通过强强联合、同业整合、兼并重组做强做优做大，加快培育一批具有全球竞争力的世界一流企业、具有生态主导力的产业链"链主"企业，并充

分发挥产业链整合优势，构建大中小企业融通发展的企业集群。弘扬企业家精神，建立优质企业"白名单"，鼓励支持优质企业向创新、技术质量、规模、效益、品牌、形象世界一流的企业迈进，探索开展企业分类综合评价，引导土地、劳动力、资本、技术、数据等资源向优质企业流动。

促进区域联动协同发展。惠州应打通远海建城与滨海产业间的桎梏，推动陆海产业相互协同互补发展，还可利用区位优势，积极承接深圳、香港等地的产业转移，实现优势互补，推进强强联合，拓展海洋经济发展空间。推进惠州进一步探索市场化方式配置海洋资源，以开放包容的营商环境增强吸引力从而延伸海洋电子信息业与工程装备制造业融合经济的上下游链条，加速城市产业下海发展脚步。

注重专业人才培育，促进智能化绿色化海洋装备技术创新。搭建创新平台，聚集创新人才，充分发挥惠州海洋工程装备制造业基础优势，围绕国家涉海高技术和海洋工程装备对新一代电子信息的需求，打造全国海洋工程装备创新高地。引进全球顶尖海洋科研人才团队，培养一批战略科技人才，打造一支梯度合理、结构完善、富有活力的海洋工程装备创新队伍。建设海洋高端装备国家实验室，对海洋人才给予奖励，持续加大对海洋工程装备制造基础研究领域青年科技人才的培育力度，打造"政产学研金服用"深度贯通的技术生态链和产业链。

第七章 广深珠佛海洋生物医药产业融合发展案例研究

第一节 研究背景

海洋药物历史悠久，从 19 世纪 50 年代开始，海洋药物逐渐成为现代天然药物的重要组成部分，但相对其他药物而言，其发展较为缓慢。在我国，海洋新兴产业的发展也相对滞后，而近年来随着国家将海洋新兴产业的发展提升至战略层面，并提供了较强的支持力度，海洋生物医药产业在这一背景下得以加速发展。

一、海洋生物医药产业发展现状

海洋生物医药产业是指从海洋生物中提取有效成分，并利用现代生物技术生产海洋生物化学药物、保健品和基因工程药物的产业。它是国家战略性新兴产业之一，具有研发周期长、风险高、投资高、利润高的特点。目前已被开发的海洋药物主要是天然药物，即可以在海洋生物中直接萃取，用作药物生产的有效成分的药物，当然也有部分生物活性成分的提取需要生物技术转化的支持，主要分为海洋中药、海洋化学药和海洋生物制品三大类。目前，海洋药物的主要发展方向是研发新型药物，用于治疗肿瘤、心血管疾病、致病性微生物、神经系统疾病等人类重大疾病。迄今为止，我国已有两万多种海洋生物品类被开发，占据世界海洋生物总物种的 10% 左右，拥有世界范围内品类较丰富、数量较庞大的海洋生物资源。合理开发利用海洋生物资源、高质量发展海洋生物医药产业是建设 21 世纪海上丝绸之路的重要途径。

（一）国内海洋生物医药产业发展现状

尽管中国的海洋战略性新兴产业起步比较晚，但随着1978年国家科学技术会议上"开发海洋湖沼资源，创建中国蓝色药业"战略目标的提出，中国已经开始加速培育与发展海洋战略性新兴产业。近几年，中国海洋生物医药行业的发展趋势迅猛，尤其是在"十二五"和"十三五"期间"国家海洋经济创新发展示范工程"的扶持下，一大批科技成果落地，促进了该行业的稳定发展，使其在中国海洋经济总量中所占的比重逐年提高。

1. 市场规模

中国海洋生物医药产业市场规模持续扩大，未来发展空间巨大。根据自然资源部的统计，在2017年，中国海洋生物医药增加值只有385亿元，而到2022年，中国海洋生物医药产业全年增加值达到546亿元，年均增长率10.99%。中国海洋生物医药的研究和开发始终保持着稳定向上的发展趋势，2024年中国海洋生物医药产业增加值将在600亿元至700亿元之间。

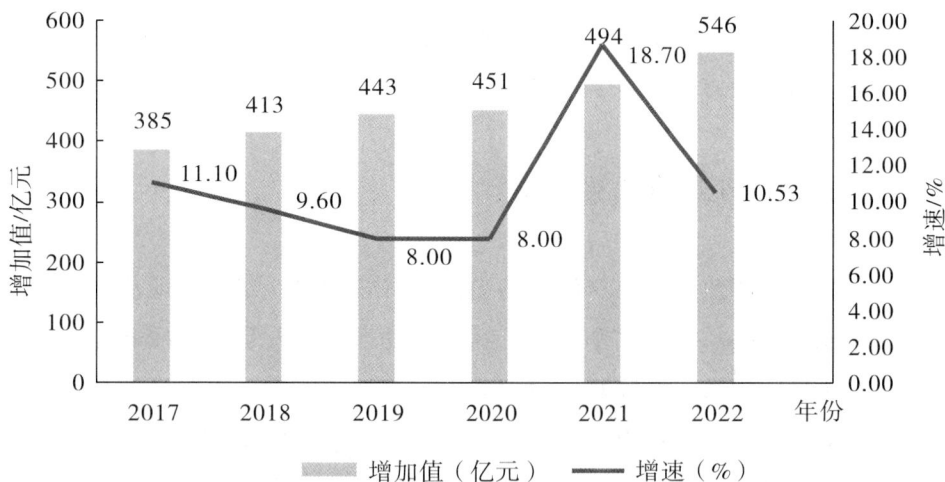

图7-1 2017—2022年中国海洋生物医药增加值及增速

数据来源：中国海洋经济统计公报。

2. 产业竞争

海洋生物医药产业的产品竞争力不断增强。海洋生物科学技术研究经历了从近海、浅海到远海、深海的延伸扩展，在这一过程中发现了许多海洋动植物活性先导化合物以及具有不同结构的海洋动植物代谢产品，从而使中国海洋生物医药成果的丰富性和多样化得到了进一步提升。在此基础上，我国研制出了一批在全球范围内极具竞争优势的重要海洋产品，如：中国培育的第一个具有自主知识产权的藻酸双酯钠；有一定概率获得国家新药证书且已进入Ⅲ期临床试验的二类海洋生物抗病毒药物"藻糖蛋白"；打破我国人类医疗诊断领域重大技术瓶颈以及国外垄断的早期肾损伤诊断试剂盒；通过海洋兽药注册的国内首个鱼用活疫苗；接近乃至超越世界一流水平的海洋生物碱性蛋白酶；壳聚糖类骨钉产品等具有较好生物兼容性的海洋生物制品；等等。

表7-1　我国具有自主产权的海洋生物医药产品（部分）

产品名称	功能主治	研发团队
甘露特钠胶囊（GV-971）	阿尔茨海默病	中国海洋大学、中国科学院上海药物研究所、上海绿谷制药
藻酸双酯钠片（PSS）	高脂血症	青岛正大制药、中国海洋大学
磷酸锆钠银藻酸盐敷料	功能性伤口敷料	百美特生物
海麒疏肝胶囊	化痰散结，利水排毒	正大制药
蓝湾氨糖	增强免疫力的保健功能	蓝湾科技
盐酸可乐定缓释片	少儿注意力缺陷多动症（ADHD）	力品药业
硫酸软骨素	降血脂药物	绿之健药业
医用高吸液型壳聚糖纤维	抑菌、止血	即发集团
海藻多糖药用空心胶囊	药用辅料	秦皇岛药用胶囊有限公司
特效海藻肥	防病菌线虫、解磷解钾	海大生物

资料来源：根据公开资料整理。

2018年，在中国工程院院士管华诗的倡议下，我国启动了中国"蓝色药库"的发展规划，该规划立足于世界范围内80多年来海洋药物的研究和开发，着眼于海洋生物医药产业的快速发展，聚焦于新一代海洋药物的开发，汇聚了世界顶级的海洋药物研究团队，致力于系统、全面、有序地开发和利用海洋资源，开创了中国海洋生物医药发展的新时代。中国海洋生物药物产业的技术和产品创新持续活跃，在海洋生物资源药学应用理论形成、新药发现技术、成果应用与转化支撑平台建设、关键技术和创新产品开发方面已有良好成效，特别是在关键技术和创新产品开发方面，中国海洋糖类药物的研发已率先进入国际领先地位，例如，在2019年11月2日获得批准上市的阿尔茨海默病新药 GV - 971，该创新成果由我国完全自主研制并且拥有自主知识产权，弥补了全球阿尔茨海默病领域 17 年来没有新药问世的缺憾。

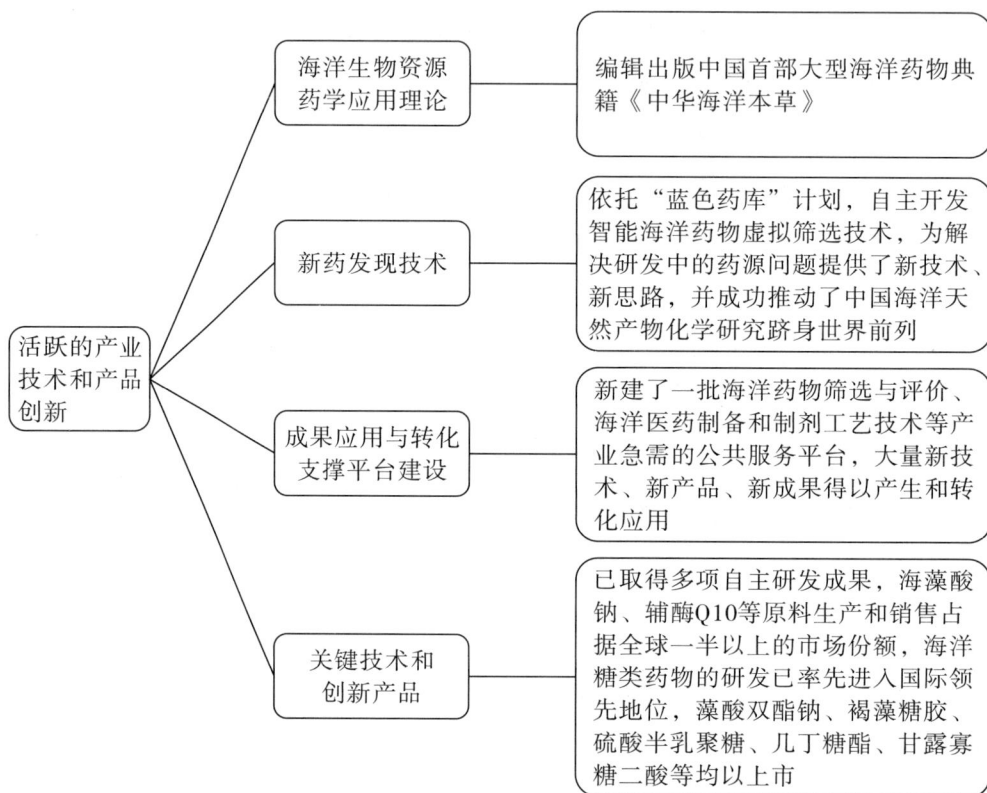

```
                                ┌─────────────────────────────┐
            海洋生物资源          │ 编辑出版中国首部大型海洋药物典  │
            药学应用理论──────────│ 籍《中华海洋本草》            │
                                └─────────────────────────────┘
                                ┌─────────────────────────────┐
                                │ 依托"蓝色药库"计划，自主开发   │
                                │ 智能海洋药物虚拟筛选技术，为解  │
            新药发现技术──────────│ 决研发中的药源问题提供了新技术、│
                                │ 新思路，并成功推动了中国海洋天  │
                                │ 然产物化学研究跻身世界前列     │
活跃的产业                       └─────────────────────────────┘
技术和产品                       ┌─────────────────────────────┐
创新                            │ 新建了一批海洋药物筛选与评价、  │
                                │ 海洋医药制备和制剂工艺技术等产  │
            成果应用与转化────────│ 业急需的公共服务平台，大量新技  │
            支撑平台建设          │ 术、新产品、新成果得以产生和转  │
                                │ 化应用                       │
                                └─────────────────────────────┘
                                ┌─────────────────────────────┐
                                │ 已取得多项自主研发成果，海藻酸  │
                                │ 钠、辅酶Q10等原料生产和销售占  │
                                │ 据全球一半以上的市场份额，海洋  │
            关键技术和────────────│ 糖类药物的研发已率先进入国际领  │
            创新产品              │ 先地位，藻酸双酯钠、褐藻糖胶、  │
                                │ 硫酸半乳聚糖、几丁糖酯、甘露寡  │
                                │ 糖二酸等均以上市              │
                                └─────────────────────────────┘
```

图 7 - 2　中国海洋生物医药产业的技术和产品创新

3．产业布局

产业集聚的局面已经初步显现。广州、深圳、厦门等在内的 8 个国家级海洋高新技术产业基地，以及上海临港、江苏大丰等在内的 4 个科技兴海产业示范基地，形成了以广东、上海、福建、山东四大研究中心为依托的海洋生物医药业发展格局。在此基础上，建立起以广东深圳、山东青岛为核心的海洋医药与生物制品产业集群，以厦门为核心的福建闽南海洋生物医药与制品集聚区。与此同时，科技成果产业化进程持续加速，培养出了一批高科技的海洋生物医药企业，包括威海百合生物技术股份有限公司、浙江海正药业股份有限公司、深圳市海王生物工程股份有限公司等海洋生物企业。

表 7 – 2　中国海洋生物医药产业聚集区

地区	产业集聚
山东	中国"蓝色药库"的雏形，正在青岛初步显现
广东	大力落实科技兴海战略，海洋生物医药人才培养已成体系
浙江	海洋生物企业抱团发展，初步形成了海洋功能食品和海洋药品的产业格局
福建	厦门积极探索海洋产业发展模式，已成为海洋生物医药新高地
广西	大力推进海洋生物医药产学研融合，加速向"蓝色药库"进军

资料来源：根据公开资料整理。

4. 研发水平

我国海洋生物医药科技水平不断提升，研发实力持续增强。在国家政策的支持引导下，我国沿海省（区、市）相继成立了以上海、广州、青岛、厦门、深圳为核心的海洋药物及生物技术研究中心，科研成果领域从沿海、浅海向远海、深海不断延伸，获得了大量具有自主知识产权的国内外专利。同时，我国海洋药物与生物制品研发领域的科研人员不断增加。

但我国海洋生物医药产业领域的科研创新也存在明显的不足，自主知识产权的原创新药数量少，研发投入少，每年仅有 1 000 万至 2 000 万元，产业投资力度远远不足，整体资金匮乏，活力较为有限。从历年来的《中国海洋经济统计年鉴》的数据来看，我国海洋生物医药产业专利数量屈指可数，技术活跃程度较低；此外，虽然近年来海洋生物医药产业相关政策频出，但研发人员数量和经费仍相对较少。整体来说，我国海洋生物医药产业领域在研发创新方面任重道远。

5. 产业政策

中国已在多个计划中明确了海洋生物医药产业的发展目标，并出台了相关政策，以促进该行业的发展。"十四五"规划提出"积极拓展海洋经济发展空间"的战略部署，建设现代海洋产业体系，培育壮大海洋生物医药产业。同时，《"十四五"生物经济发展规划》也明确指出，要把深化供给侧结构性改革作为核心，把改革创新作为推动力量，加快建设现代海洋产业体系，提高海洋科技自主创新水平。在国家战略的引导下，各个地区陆续发布了在"十四五"时期的海洋经济发展计划，并根据各自的发展现状，对海洋生物医药产业的发展方向进行了详细的阐述。

表7-3 部分省份"十四五"期间海洋生物医药行业相关规划

政策	内容
《广东省海洋经济发展"十四五"规划》	加速发展海洋药物与生物制品业，发展具有自主知识产权的海洋生物技术，重点开展海洋生物基因、功能性食品和海洋创新药物等关键技术攻关。鼓励开发海洋高端生物制品和海洋保健品、海洋食品，支持替代进口的海洋药物技术和产品。加快培育海洋生物医药龙头企业。完善生物医药产业研发、中试、检测检验、应用、生产及反馈链条，重点搭建海洋生物医药产业中试服务平台，推动海洋生物医药成果加快落地。鼓励开展海洋生物医药生产工艺技术研究，打造创业创新基地示范中心
《山东省"十四五"海洋经济发展规划》	发挥海洋生物资源和科研人才优势，创新发展模式，推进海洋生物医药产业集聚发展，打造国内领先世界一流的海洋生物医药产业集群。到2025年，力争取得5个海洋新药及创新医疗器械证书、10个临床研究批件，系列海洋生物功能制品形成显著规模和经济效益
《福建省"十四五"海洋强省建设专项规划》	完善基础资源平台，大力提倡建设资源共享平台，注重深海基因库的探索，提高自主创新能力；着力开发海洋靶点药物、医用敷料、现代化海洋中药等医药产品；加快发展基于海洋脂类、色素、肽类、多糖等成分的特殊医学用途食品和功能性食品；加速产业集聚
《江苏省"十四五"海洋经济发展规划》	推进海洋药物和生物制品产业化。依托重点园区，积极引导生物医药龙头企业建设药物研发平台、孵化中心。鼓励龙头药企，联合中国药科大学、南京中医药大学等高校，充分利用虾壳、文蛤等海洋甲壳类生物资源，加快海洋生物药材及基因工程药等研发；加快突破海藻多糖、系列多肽等海洋生物资源提取利用核心技术，开发高附加值的海洋保健品和功能性食品
《海南省海洋经济发展"十四五"规划》	开发深海生物药物资源，建设国家南海生物种质资源库，加强深海生物资源应用潜力评估与开发利用技术研究，培育深海生物科技产业；培养壮大海洋生物药品与医药器械研发产业，积极开展拥有自主知识产权的海洋创新药物研究开发，提升海洋生物技术药物规模化生产能力；培育壮大海洋生物制品业，开发海洋新资源食品、特殊医用食品和高附加值的绿色保健品和功能性食品

资料来源：根据公开资料整理。

从各地"十四五"规划的主要方向来看，海洋生物医药产业的政策导向主要集中在创新药物研发、生物技术药物、产品规模化生产、海洋生物器械与材料以及与大健康融合的保健食品、日化产品等；重点任务则集中在产业载体打造、创新平台搭建、关键技术攻关等。

近年来，中国海洋生物医药产业在人才培养、科学研究、产学研合作、海洋产业创新发展等领域获得了显著成果。随着政府、企业、高校和科研院所合作的不断加强，基于"政产学研"的发展模式，充分发挥了政府政策的引导作用、鼓励了企业资金的正确投入，深化了科研机构在海洋生物医药领域的基础研究，加强了企业对于市场需求的了解，可以预见，我国海洋医药产业的发展将会取得新的突破。

（二）　国外海洋生物医药产业发展现状

当前，已知的陆生天然药物与化学合成药物对癌症、艾滋病、糖尿病以及各种流行性疾病和免疫性疾病等的治疗效果还有很大的不足，人类亟待开发新的药物，海洋生物医药业的研发更是刻不容缓。目前，各主要发达国家以及新兴经济体都把目光投向了新兴的海洋生物医药产业领域。

据悉，美国、日本、瑞士等发达国家在世界范围内搜集、筛选高品质海洋生物资源，并在此基础上建立资源培育基地，以期在今后的技术竞争中占据有利地位。近年来，国内外已有超过两万个新生化合物从海葵等海洋动物、微生物中剥离出来，其中很多都还处于基础研究阶段。在全球海洋生物技术产业不断成长的同时，海洋医药的研制也取得了长足的进步：国际上已上市的海洋药物有8种，包括头孢菌素、阿糖胞苷A等，另外还有十多种正在进行临床试验。

此外，作为海洋战略性新兴产业，欧美、日本等发达国家和地区每年在海洋生物酶的研究上投入了百亿美元；美国强生、英国施乐辉等公司都在研发具有良好生物相容性的海洋生物医用材料方面投入了大量资金。在全球范围内，对海洋生物资源的开发正从近海走向远海、从浅海深入深远海。针对深远海生物具有耐高压、抗还原等特点，各国都迫切地希望获得一系列新型结构活性化合物和特殊功能基因。此外，药物新靶点发现、药物高通量、高内涵筛选技术等陆地高新技术也快速向海洋生物医药领域发展。截至2021年，全球海洋生物医药产业规模已达235亿美元。

1. 市场规模

市场增长潜力大。根据北京研精毕智信息咨询的数据，截至 2020 年末，全球海洋生物医药行业市场规模达 220 亿美元，较 2019 年的 200 亿美元相比增加了 20 亿美元左右，同比增长 10%；2021 年全球市场规模增长至 235 亿美元，与上年末相比增加了 15 亿美元，同比增长 6.8%。随着全球各国开始逐步重视海洋战略性新兴产业的发展，全球海洋生物医药行业市场规模将在 2025 年超过 350 亿美元。

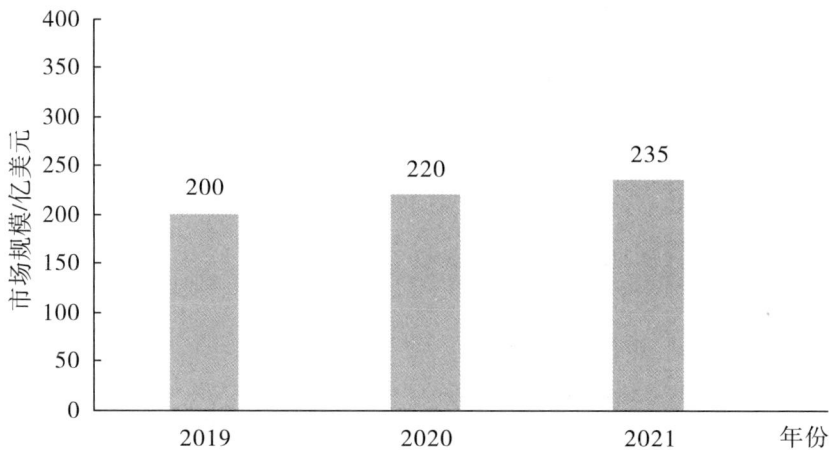

图 7 - 3　全球海洋生物医药行业市场规模

数据来源：北京研精毕智信息咨询。

2. 市场需求量

市场需求持续增长。随着全球海洋经济的快速发展，相关生物技术水平也在持续提高，全球海洋生物医药市场迎来了较快的发展，在全球市场需求量方面，2016—2020 年，全球海洋生物医药市场需求量由 606 万吨增长至 755 万吨，年平均增长率约为 6.2%，2021 年全球市场需求量达到 770 万吨左右，同比增长 2%。

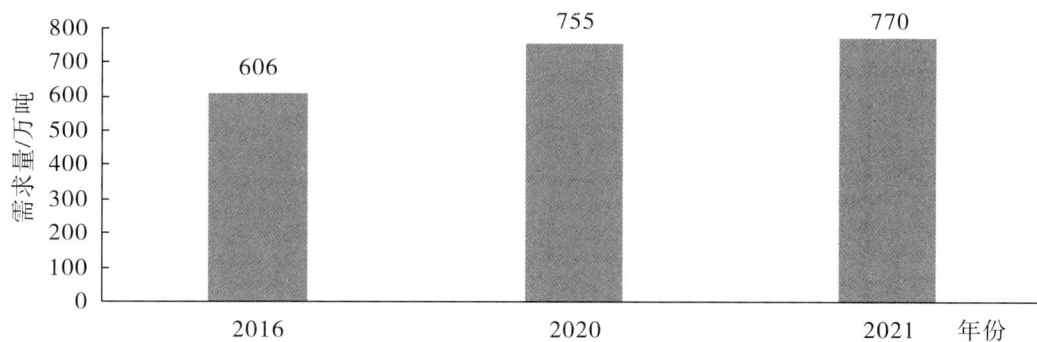

图7-4　全球海洋生物医药市场需求量

数据来源：北京研精毕智信息咨询。

3. 区域分布

从全球海洋生物医药核心市场来看，中国是最主要的分布地区之一，市场增速明显。截至2021年末，中国海洋生物医药市场占全球约25%的市场份额，同期美国市场份额占比为19%，此外日本市场占据约15%的份额。在行业生产技术和产业政策双重驱动之下，未来全球海洋生物医药产业将迎来新的发展机遇。

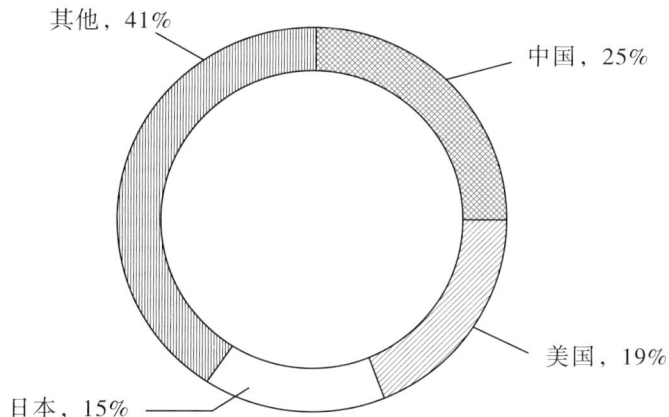

图7-5　全球海洋生物医药行业市场份额区域分布（截至2021年末）

数据来源：北京研精毕智信息咨询。

（三）广深珠佛四市海洋生物医药产业发展现状

海洋生物医药产业作为新兴增长点，进入"十四五"后，从中央到地方都对海洋生物医药产业给予了更多的关注，随着相关政策的不断出台，该行业发展前景广阔，广东省各地区结合自身情况开展了各具特色的探索。随着产业持续发展，可预期技术、人才、资本等条件将日益优化，多项科研成果也将逐步进入产业化时期，海洋生物医药产业将进入规模和质量快速增长的阶段。目前，广深珠佛四市海洋生物医药产业的发展情况如下：

由于广东省海域辽阔、滩涂广布，且有着丰富的海洋生物和能源资源，在海洋生物研发与产业化方面起步较早，较多知名的海洋生物医药科研机构聚集在此地，具有相关基础和优势的海洋生物医药科技创新载体也在不断发展壮大，为广深珠佛四市海洋生物医药产业发展提供了有效的技术支持。此外，以广深珠佛为主要核心区的珠三角产业区拥有许多高等院校和科研机构，其中中山大学、中国科学院南海海洋研究所、华南理工大学等都有雄厚的科技基础和丰富的研究成果，且已形成一套比较完备的科技人才培训体系。2019 年，中国科学院与广东省政府共同建设的南方海洋科学与工程广东省实验室在广州正式成立，推动了我国在海洋生物医药领域和大健康领域的研究与发展。

近年来，随着传统海洋产业结构的不断调整，以广深珠佛四市为代表，四市的海洋生物医药等新兴产业不断向高端化、智能化方向发展，成为推动海洋经济转型升级的新动力。随着该产业发展规模的不断壮大、科技创新能力的持续增强，一批具有研发、中试等功能，并逐步实现产业化的与海洋生物医药相关的高新技术产业园区相继建立，华大海洋、深圳海王等具有代表性的海洋生物医药企业也已初具规模。

另外，广深珠佛四市在海洋生物资源开发、药物研发、健康产品开发等方面取得了突出的成绩。在海洋生物资源开发方面，广深珠佛四市拥有一批大型海洋科学考察装备和完善的海洋生物资源勘测平台，在海洋生物资源探测和开发等领域取得了显著的基础性研究成果。中国科学院南海海洋研究所累计已收集了两万多株海洋微生物样品，并建立起亚洲最大的海洋放线菌菌种资源库和其他药用微生物资源库；在药物研发方面，广深珠佛四市在海洋微生物来源的天然产物和化合物研究上较为领先，南方海洋科学与工程广东省实验室、中国科学院南海海洋研究所等单位逐步建立了一套完善的海洋药物研究与开发体系，尤其是对海洋微生物来源类药物成药性评价取得了一定的进展；在健康产品开发方面，广深珠佛四市在功能大分子（如海洋生物蛋白肽、糖类、油脂等）的全面开发、药理机制以及功能性原料的精确提取及制备等核心技术领域具有明显的优势，在技术转化和成果开发方面获得较好成果，海珠口服液、保健食品"舒通诺"、抗风湿关节炎产品"海精灵"、高纯度藻胆蛋白荧光试剂等均为代表性产品。

未来，广东将以广州、深圳国家生物产业基地为核心，以广州南沙国家科技兴海示范基地、深圳国际生物谷大鹏海洋生物园、珠海国际健康港、佛山南海生物医药产业基地等重点园区为载体，推动粤东、粤西地区海洋生物产业集聚发展。《广东省海洋经济发展"十四五"规划》提出，要发展具有自主知识产权的海洋生物技术，重点开展海洋生物基因、功能性食品和海洋创新药物等关键技术攻关。鼓励开发海洋高端生物制品和海洋保健品、海洋食品，支持替代进口的海洋药物技术和产品。加快培育海洋生物医药龙头企业。完善生物医药产业研发、中试、检测检验、应用、生产及反馈链条，重点搭建海洋生物医药产业中试服务平台，推动海洋生物医药成果加快落地。鼓励开展海洋生物医药生产工艺技术研究，打造创业创新基地示范中心。

二、海洋生物医药产业融合发展的意义

近年来，海洋天然产物结构的多样性、活性谱广且强度高、较大的类药性等突出优点使得各国竞相开展了海洋生物医药产业的研究与产业化。把重点放在发展海洋生物医药产业上，既能自主开拓我国国民经济的发展空间，又能为人民群众生命安全健康作出突出贡献，同时进一步促进我国经济发展方式实现转型。

（一）经济发展的意义

从20世纪60年代开始，海洋生物资源就一直是医药界的热门话题，许多国家都在大力开展对海洋医药的研究。20世纪90年代以来，不少沿海国家纷纷把发展海洋资源作为一项基本国策。

海洋生物医药产业的研究与产业化是各海洋强国争夺的焦点。近几年，随着国家"蓝色经济"战略的实施以及海洋生物资源萃取技术的提高，中国海洋生物医药产业得到了迅猛发展，成为过去十年海洋产业中成长最快的一个产业，同时也是海洋经济日益趋向高速高质量发展的重要组成部分。我国海洋生物医药产业在2022年已实现546亿元的产业增加值，同比增长10.53%。根据2022年中国主要海洋产业增加值结构来看，海洋旅游业、海洋交通运输业以及海洋渔业三个产

业是主要海洋产业增加值的主要部分（见图7-6）。但是，与其他产业相比，海洋生物医药产业还是新兴产业，在海洋经济总值中占比较小，它的发展仍需要更多的技术支持；且与发达国家相比，中国在海洋生物医药领域的研究还比较滞后，存在海洋生物资源的采集遇到阻碍、药物研发创新动力不足、研发成果转化的效率低下、服务转化平台和相关技术人才缺乏等问题，因此实现海洋生物医药产业的融合发展迫在眉睫。

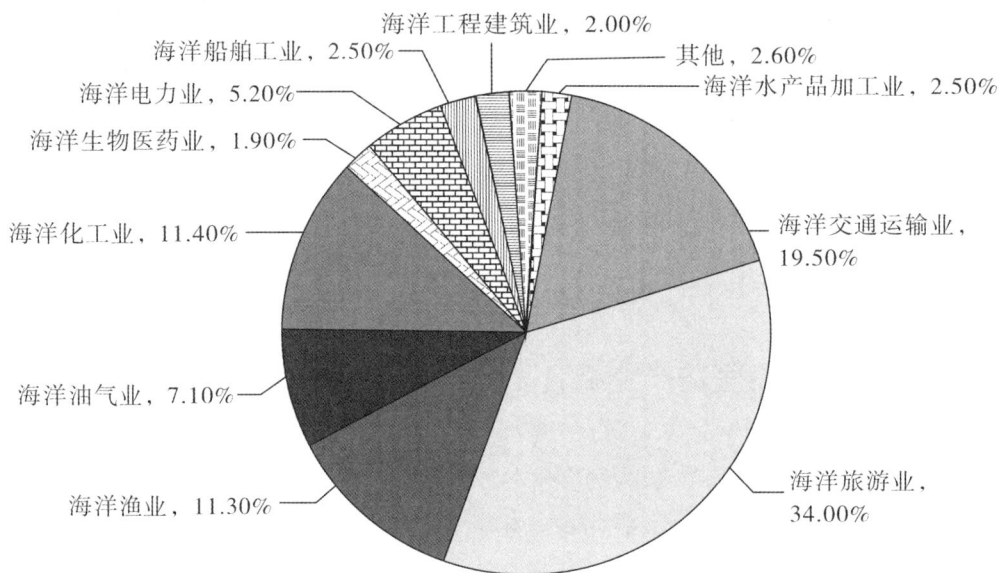

图7-6 2022年中国主要海洋产业增加值结构

数据来源：中国海洋经济统计公报。

一方面，处于海洋生物医药新发展模式中的沿海城市具有更丰富的产业发展创新资源、更高的技术水平和更显著的业绩，与这些具有更高发展水平的沿海城市进行合作，可充分发挥其优势，实现协同创新、技术共享，最终实现协同发展，将极大地减少海洋生物医药的研发周期，降低研发费用，加速研究结果的转化，从而给中国海洋生物医药的发展带来新的契机，有力地促进中国海洋生物医药产业的健康可持续发展。

另一方面，我国大多数城市是非沿海城市，海洋生物医药在全国范围内仍处于发展不充分或尚未发展的状态，这些城市或是面临着海洋生物资源供应的问题，或是面临技术不成熟、人才缺乏的困境。通过与沿海地区的合作，不断构建新的海洋生物资源供应渠道和医药生产技术研发平台，不仅可以满足沿岸各地区对海洋生物医药的需要，还可以帮助我国进一步发现并开拓海洋生物医药产业的新市场。因此，在海洋生物医药方面进行城市群合作，也是非沿海城市对海洋生物医药产业发展和满足人民健康需求的共同要求和期待。

无论是从需求与供给两个方面来看，还是出于中国海洋生物医药产业发展的迫切考虑，以沿海城市为纽带进一步对接国内其他城市，城市群合作将形成一股强有力的"粘合剂"。这对推动中国海洋生物医药产业的发展有重要意义，同时还能够全面促进海洋生物医药产业的多样化发展，推动我国海洋生物医药问题的逐步解决，形成一套完善且安全高效的海洋生物药物研发体系，大大提高中国海洋生物医药产业的国际竞争力，为强化中国海洋话语权作出贡献。

（二） 社会发展的意义

目前，海洋生物医药仍然是我国高度关注的重要的战略性新兴行业。近几年，伴随着海洋、化学、生物、医学等领域基础研究的深入，海洋城市群通过"强链、补链、连链、延链"的方式，在产业共性技术上取得了突破，引领"链主"企业整合上下游资源，加大对产业共性技术的攻关力度，建立产业核心技术的协同攻关体系，实现设备技术的进一步提升，使海洋生物医药行业进入了规模化、深层次开发的新阶段。

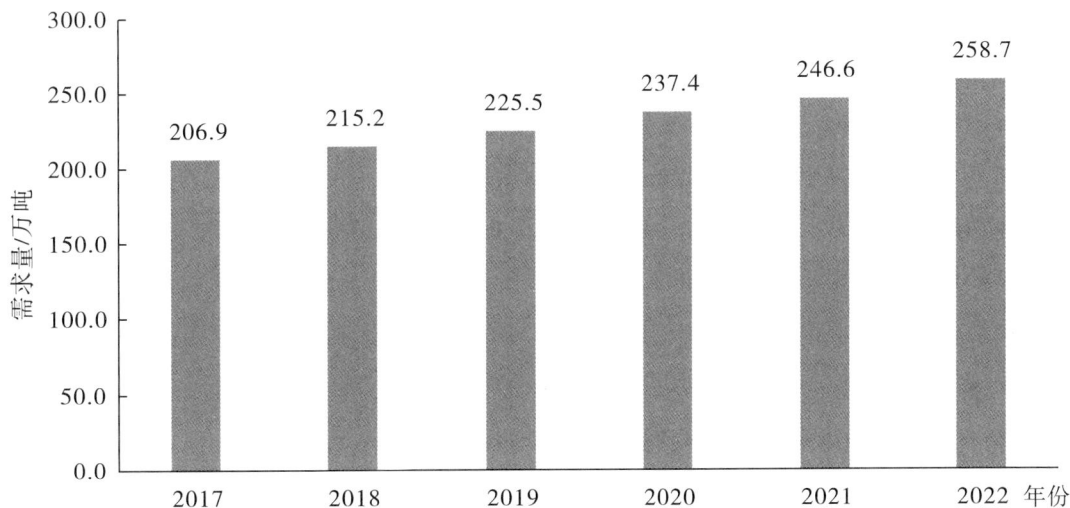

图 7 - 7 2017—2022 年中国海洋生物医药市场需求量趋势预测

数据来源：中商产业研究院整理。

我国对于海洋生物医药产品的需求市场日益提升。从图 7-7 可看出，近年来我国海洋生物医药需求量持续增加，由 2017 年 206.9 万吨增至 2022 年 258.7 万吨，预计 2024 年我国对海洋生物医药的需求量将达 274.8 万吨。随着社会经济的发展和人口的增长，人们对药品需求日益增加的同时对药品的质量也提出了更高的要求。鉴于海洋生物富含多元化的营养成分，拥有多种黄酮类化合物，可以对心脑血管相关疾病进行提前预防和病后治疗，还可以提高细胞的代谢速度、维护体内细胞的正常功能、缓解脑部的衰老进程，因此，海洋生物被认为是治疗各类疾病的新希望。此外，海洋生物医药的融合发展将给中国医药行业带来巨大的推动作用，并可以有效解决中国当前存在的一些医学难题。由此可见，海洋生物医药产业融合开发对社会生活以及人民群众的健康安全意义重大。

另外，在"政产学研"发展模式的指导下，海洋生物医药行业资源得到了更好的整合，这有助于实现行业内技术资源互补、降低单个企业的研发风险和投入成本。

（三）环境保护的意义

到目前为止，在海洋生物医药研发方面，我国已初步产出较多科研成果，如：有 6 种由中国独立研制的海洋医药产品已达到上市标准，13 种经过我国仿制改良的国外海洋药物产品被生产；与此同时，海洋保健食品的品类也在日益增加。除此之外，我国还在沿海城市创建了一大批与海洋生物医药产业相关的示范园区，加快了该产业成果转化和产业化的进程，从而构成了海洋生物产业融合发展的新态势。同时，一大批以海洋药物与保健品为主要内容的海洋生态产品，对保护海洋环境、丰富海洋生物多样性也起到了重要作用。

需要注意的是，中国海洋生物医药产业的融合发展才刚刚起步，只有在发展过程中加强对海洋生态环境的保护、对海洋生物资源进行合理开发和利用，才能维持海洋生态平衡，实现产业的良性发展。因此，我们要在海洋生物医药产业融合发展的过程中保护海洋环境，促进海洋的绿色低碳发展、构建良好的海洋生态环境，增强中国海洋生态化发展方面的国际话语权，力争让世界各国共同建设美丽海洋世界。

在 21 世纪，人类迈出了向海洋生物资源探索的脚步，为了实现海洋经济的良性发展，将进一步对海洋生物资源进行充分开发、利用与保护。海洋具有高压、高盐、低温、寡营养等特点，这复杂的生态环境赋予了海洋生物独特的药用功效，为人类提供了丰富的海洋新药资源。海洋生物资源的持续开发是实现海洋生物医药可持续发展的重要保证。因此，海洋生态文明建设明确指出，海洋经济发展与生态环境应相互促进。

三、海洋生物医药产业融合发展研究目的和必要性

（一） 研究的目的

近年来，我国的海洋生物医药的发展已初具规模，但相对于欧美、日本等发达国家和地区相比，仍有较大差距。首先，我国在海洋生物医药产品方面的关键核心技术比较缺乏，亟待从源头上强化其创新能力；其次，我国海洋生物资源的高附加值利用比例不高，亟待加强科研投入、拓宽应用领域、增加新型高端海洋生物产品的种类和数量；最后，发展海洋生物经济是一个系统工程，当前我国在研究方面还处于起步阶段，在技术整合阶段尚未形成成熟的产业链。在此背景下，基础研究的匮乏导致了创新驱动不强、技术融合不充分、企业参与不积极等问题，严重影响了科技成果的产业化进程。

目前，如何实现对海洋生物资源的充分开发利用，特别是对海洋生物医药的研发和产业化，倍受各国高度关注。在"海洋强国"的战略背景以及国家发展海洋战略性新兴产业的需要下，完善海洋生物产业的改革创新体系、充分开发利用海洋生物资源的附加值、构建知识密集型海洋生物医药产业集群，是我国海洋生物医药资源集成开发与利用的必由之路。

另外，随着"一带一路"倡议和构建"人类命运共同体"概念的提出与实施，我国对海洋领域的开拓力度持续加大，海洋生物医药这一战略性新兴产业得到了快速发展，但在发展过程中仍然存在自主创新水平低下、产业链条不完整等问题，因此必须对海洋生物医药产业的融合发展进行深入研究，从而加速我国海洋生物医药产业结构改革升级，实现产业的可持续发展。

（二） 研究的必要性

海洋生物医药市场具有较大的发展潜力。我国海洋生物医药产业近几年得到了快速的发展，2022 年我国海洋生物医药产业的增加值达到 546 亿元，较上年同

期增长了10.53%，对海洋经济发展的贡献度也在不断提升。由于海洋生物医药产业投资规模较大，生产周期较长，且对研发技术要求较高，因此其产业壁垒也较高。此外，海洋生物医药相对来说是创新药物比较集中的领域，并且得到了政府政策的大力支持，因此海洋生物药品市场具有广阔的发展空间。广深珠佛四市对海洋生物医药产业融合发展的深入研究有助于加快我国海洋经济的高质量发展，促进建设"海洋强国"战略目标的实现。

海洋生物医药的无法替代性。我国药物市场有着广阔的发展前景，对医药产品的需求也在持续增长，尤其是海洋生物药物，它在药物研发方面进一步提升了资源的利用率。与陆地资源相比，海洋生物资源具有高盐、高压、缺氧和避光等特点，这使得海洋中有较为丰富的品类。海洋药用生物中还存在着很多结构新颖且功效显著的生物活性分子，在抗肿瘤和抗炎症领域有着无可替代的功效。在医药研究中，海洋药物的特殊功效使其难以被替代，因此海洋生物医药的开发对社会生活以及人民群众的健康安全意义重大。

技术高端化可提高资源利用率。医药生产的过程中会产生大量的污染物，因此整改优化高污染的医药企业成了当地政府的首要目标。在医药行业，由于资金、技术等方面的制约，大多数低端的医药企业在生产医药过程中不仅会造成大量的资源浪费，而且会造成严重的环境污染。一些地方政府在经济发展过程中，不顾环境的承载能力，盲目追求生产总值的高速增长，造成了严重的生态环境恶化与产能落后等问题。海洋生物医药产业属于知识密集型产业，大量高新技术知识被应用于海洋生物药品的研究和开发中，而广深珠佛四市的融合发展可以显著提高海洋科技创新能力，增强各市在海洋生物医药方面的技术处理工作，有效提高资源利用率，减少污染。

推动区域经济协调发展的必然要求。在区域一体化持续推进的背景之下，区域间融合发展的核心内容、产业群之间的差异化竞争优势以及产业发展的动力主要是科学技术的自主创新能力。而纵观广深珠佛四市海洋生物医药产业发展现状，其发展过程中存在着严重的区域发展不均衡的问题，区域间平稳性发展问题没有从根本上解决，因此沿海城市的发展空间仍有待深入探索。毫无疑问，广深珠佛四市海洋生物医药产业的融合发展对于实现海洋科技创新资源的全覆盖，充分利用区域间的比较优势，提升区域综合竞争力和自主创新能力，推动区域一体化发展具有重要意义。

第二节　现状分析

海洋生物医药产业作为海洋经济发展中的重要组成部分，是区域海洋经济增长的亮点。然而，当前我国海洋生物医药产业发展存在着不平衡不充分的问题。因此，在国家政策的大力支持下，推动城市群发展无疑有助于广东省甚至中国打造海洋经济增长极、促进区域协同发展，同时也可以助力海洋生物医药产业进一步完善升级，通过建立以中心城市引领周边城市海洋生物医药产业发展、周边城市带动区域海洋生物医药产业发展的新模式，推动区域之间的融合互动发展。

一、广深珠佛四市海洋生物医药产业融合发展的优势与特色

（一）　政府层面重视

广东省政府在过去十年的海洋经济发展规划中，已明确提出要大力发展海洋生物医药产业，建设创新产业基地。2018 年 9 月，深圳市委在颁布的《关于勇当海洋强国尖兵　加快建设全球海洋中心城市的决定》中提出要实现在海洋生物医药领域关键技术上有所突破的目标，并以此为基础完成海洋生物医药领域的技术研发和产业化。2020 年 4 月 3 日，广东省科技厅会同省发改委、工信厅等 9 个相关部门共同印发了《关于促进生物医药创新发展的若干政策措施》，以科技创新全链条为主，从创新布局、平台建设、企业培育和人才保障等多方面推出了一连串政策措施，在以广州、深圳为核心的基础之上，打造布局合理、错位发展、协同联动、资源集聚的广深港、广珠澳生物医药科技创新集聚区。由省科技厅牵头制定的《广东省发展生物医药与健康战略性支柱产业集群行动计划（2021—2025年）》中，也指出要建造包含海洋生物医药在内的生物医药与健康产业集聚区。

（二）　产业基础雄厚

以广州、深圳为核心的珠三角产业区集聚了大批高等院校和科研机构，如中山大学、中国科学院南海海洋研究所、华南理工大学、深圳大学等，这些单位依托自身科技人才优势已形成比较雄厚的产业基础并产出了丰硕的研究成果，且已

构建出一套比较完备的技术人才培训体系。一是开设海洋相关专业的高等院校拥有较为扎实的研究基础和较强的学科优势。中山大学建有南海海洋生物技术国家工程研究中心，广东海洋大学则在海洋生物技术方面有着较为扎实的技术基础和丰富的人才资源，是我省海洋生物医药研究开发的主要力量。深圳市委、市政府正积极推动清华大学深圳国际研究生院、南方科技大学、深圳大学等多所知名高校，打造具有国际领先地位的海洋学科，并建造出属于深圳本地的海洋大学。二是研究海洋产业的高新技术企业有着各自独特的研发方向。现阶段，很多海洋生物医药产业相关的初创企业以及龙头企业都在深圳市大鹏海洋生物产业园、坪山深圳国家生物产业基地等产业园区设有基地，在园区内各个企业的研发方向和产品均具有鲜明的特点。例如，深圳华大海洋科技有限公司对各类海洋生物中的功能性多肽基因进行了深度挖掘和筛选，并进行了功能预测和活性分析；深圳海王药业有限公司在生物医药和健康产业中处于国内领先地位，具备比较完善的研究开发体系。三是完成了省级海洋实验室的建设并开始运行。2018 年 11 月，广东省政府在广州、珠海、湛江三地协同规划南方海洋科学与工程广东省实验室（简称"海洋省实验室"）的修筑工作，现已打造"三足鼎立、并驾齐驱"的海洋省实验室格局，这三个海洋省实验室均在深入推进海洋生物医药领域的研发工作。

（三）创新人才丰富

一是在各地积极开展重点人才项目，引进和培育具有世界水平的海洋生物医学人才队伍。广深珠佛四市的人才引进工作主要以"高精尖"为主要方向，着重从"生物医药"及"海洋经济"两个方面设置一级申报指南，重点引入世界领先的海洋生物医药研究团队和高科技创新人才。二是广州、珠海、深圳等地海洋生物研发机构已组成一个包括张偲、陈大可等院士、"长江学者""杰青"获得者等粤港澳高层次科研工作者的人才库。三是深圳市对人才引入和培育方面的重视程度持续增强，大力提倡相关机构和高等院校开展海洋领域院士工作站、博士后流动站、博士后创新实践基地等的建设工作，如广东海洋大学深圳研究院、大鹏新区科技创新中心等，对于海洋生物领域的博士后给予特殊的关注。此外，南方科技大学、深圳大学等也在全国范围内招收海洋生物学专业的博士后。按照《深圳市产业发展与创新人才奖申报指南》，深圳市符合条件的海洋生物医药研究机构可为相关海洋科技人才申请海洋科技发展和创新人才奖励。在此基础上，深圳市对满足条件的海洋创新创业人才颁发了高层次人才补贴政策，根据被认定的级别，各层次人才可以获得相应合理的奖励和补贴，并且在落户、子女入学、配偶就业、税收、医疗等方面都可以得到相关的扶持。

二、广深珠佛四市海洋生物医药产业融合发展的问题与不足

随着海洋生物医药产业的不断发展，广深珠佛四市从事海洋生物医药产业的企业数量也持续增加，然而这四市的海洋生物医药产业在多年的发展过程中并没有表现出高附加值的优势，尽管形成了一定的产业规模，但仍然处在萌芽时期，亟须各级政府和企业加强对该产业的引导投资，加快突破萌芽阶段，实现高质量高附加值的快速发展。

（一）产业结构比较相近，政策导向亟须优化

首先，海洋生物医药等有广阔发展前景的战略性新兴产业尽管发展迅速，但整体产业规模较小、现有技术能够开采的生物品类较少，这与广东省富饶的海洋生物资源不成正比。其次，广深珠佛四市产业发展的集中度仍较低，尽管大体上呈现出增长的态势，但大部分都集中在一个单一的品种上，很多企业规模偏小且产业结构类似，自主创新能力偏弱，导致产品同质化、附加值低、技术含量低等问题频繁出现在海洋生物医药行业。最后，到目前为止，广深珠佛四市均未制定相关的海洋生物医药产业的发展规划，广东省的海洋经济发展规划中也仅仅是隐晦提及相关的激励政策或措施，并未针对海洋生物医药产业专门提出明确的激励措施，这无法满足创新主体对政府支持性政策的迫切需要。特别地，海洋生物医药产业属于高新技术行业的范畴，该行业所应遵循的基本要求大部分都是以陆源生物为主，很少有专门针对海洋生物医药产业的政策，这对海洋生物医药产业的发展造成了一定的限制。

（二）产品研发能力不足，人才结构有待完善

作为知识密集型产业，海洋生物医药产业在产业集聚发展过程中应充分发挥人才的作用。科技人员是实现技术突破的根本，是实现技术进步的决定因素。国家要加大高等院校和科研单位高水平研究人员的培训力度，特别是对产业发展有

重要作用的科技人才。此外，还应该构建并健全高层次人才队伍的引入计划和各地区的培养方针，对高科技人才进行合理配置、科学使用，尤其是对核心技术的创新有重大贡献以及对高端药物的研发有优越表现的高水平人员，打造一支有竞争力、年轻化和知识储存量大的海洋生物医药产业科研团队，推动形成"大团队、大协作、大平台、大项目、大成果"的产业科技创新高效运行模式。

然而，广深珠佛四市虽有较多高等院校和研究机构，但海洋生物医药相关企业的研发以海洋医药原料和附加值较低的海洋生物产品为主，这导致发展海洋战略性新兴产业的自主创新能力不足和科研水平低下，特别是属于高新技术行业的海洋生物医药领域，相关科技人才严重不足，严重制约了相关企业的自主创新与产品研发。广深珠佛四市相关海洋生物医药企业在产品创新的主体地位还没有形成，核心技术不能实现供给均衡，现阶段的高新科技产出来源仍然是政府机构。

另外，海洋生物医药产业是一个庞杂的系统，"企业—高等院校—政府"多方充分发挥自身优势是该产业高质量发展的关键。企业、研究机构、高等院校应该建立紧密的合作关系，构建"企业引领研究方向、研究机构搭建科研平台、高等院校培养技术人才"的链条，促进高层次创新型科研人才的快速流动。此外，企业还必须强化自身的人才培训，建立一套完整的行业人才培训体系，鼓励"企业—科研机构—高等院校"共同建立人才培训基地。

（三）研发平台功能不全，产学研合作亟待加强

现阶段，广深珠佛四市海洋生物医药科研平台功能已经不能满足海洋生物医药产业化发展的需要，尤其是支撑海洋生物医药领域的重要研发平台较少。在海洋生物医药领域，尽管广州、珠海已设立海洋省实验室，但目前该实验室的研发仍以基础研究为主，产业化、集聚化程度不够，公共服务能力不足。除此之外，绝大部分企业囿于海洋生物产品开发难度大、资金投入大、生产周期长等挑战，对于该产业的投资还处于观望的状态，因此要想形成企业层面的规模效应还需一定的发展空间。与此同时，供需双方即科研机构与企业的交流也不够紧密，企业不能将行业的最新需求及时反馈给科研单位，导致科研单位无法了解实际的市场需求，研发方向不明确，供需失衡。平台功能的薄弱以及企业和科研机构交流的缺乏使得科技成果的产业化生产效率大大降低。

海洋生物医药产业园区的建立和有效运作是产业集群发展的一个重要载体，

政府应当大力推动海洋生物医药的产业化发展与产学研融合发展。对于进入产业园区的企业及相关的研究单位，政府应该给予一定程度的税收优惠，推进周围城市海洋生物医药相关的企业以及科研机构尽可能向园区集中。同时，园区的建设还能够加强与高等院校之间的沟通交流，构建出一个"企业—科研机构—高等院校"共同合作的产学研合作平台，最大程度发挥产学研结合的作用。因此，要鼓励深圳市大鹏海洋生物产业园、龙岗海洋生物产业园等具有相当规模的产业园发展壮大，加快构建一批功能丰富的海洋生物医药技术服务平台，积极创建政产学研有效结合的示范基地。

三、广深珠佛四市海洋生物医药产业融合发展的路径

加强统筹规划，整合资源要素，优化产业布局，以海洋科技产业园为平台，推动海洋生物医药产业集聚发展，培育形成特色鲜明、品牌突出、协同高效、竞争力强的特色产业链和优势海洋产业集群。

（一）加强顶层设计，做好区域统筹规划

一是明确广深珠佛四市的海洋产业发展定位，因地制宜选择产业发展方向和基本模式，避免盲目扩大产业规模及进行低质重复性建设，突出不同区域海洋生物医药产业的专业化分工，形成各具特色与优势的区域化发展格局。二是探索珠三角核心区的产业集聚区的协作交流机制，建立区域性产业联盟，联合海洋生物医药产业的重要研发机构、检验机构、用户单位等，构筑利益共同体，促进联盟之间的深度合作与交流，如科技研发、市场开拓、业务分包等。三是构建海外交流合作机制，大力推进与"一带一路"沿线国家和地区的合作，进行优势互补、协同发展，推动中国海洋生物医药产业链不断向"一带一路"沿线国家和地区延伸。

（二）集聚资源要素，加快海洋生物产业园建设

为充分发挥"马歇尔外部性"理论，促进海洋生物医药产业在区域内实现投入共享、劳动力共享及知识溢出，要以海洋生物产业园为平台，打造创新能力强、创业环境好、产业链完善的海洋生物医药产业基地，促进产业集群集约化发展。

一是集聚创新要素，加快科研成果转化。引进知名高校、科研院所等机构，加快集聚领军人才、研发机构、大企业集团研发中心等创新要素，打造海洋生物医药产业公共研发平台、产品展示与技术交流平台，推进产学研合作一体化，促进园区内技术流动与协同创新，高标准建设海洋生物医药产业成果转化推广平台，加快技术成果转化与应用推广。二是建立海洋生物医药产业项目库、专家库，谋划、引进一批对行业整体水平提升具有关键主导作用的优势企业和重大项目落地园区：首先要以技术生项目，通过关键技术突破催生新的科技项目，对接企业需求，推动项目做大做强；其次要以人才引项目，采用合作开发、技术入股、委托开发以及共建或无偿提供试验基地等模式引进人才，发挥高端人才在项目实施和推动上的"裂变效应"；最后要以项目带项目，发挥重大项目的带动示范作用以及园区内产业集聚效应，带动新项目、引进新企业，形成良性循环，不断优化产业结构。三是建立行业技术研发、检测标准及知识产权、海域使用权流转交易等公共服务平台，完善各项基础设施配套建设，提供全方位服务。鼓励技术服务业的发展，重点支持技术研发、信息咨询、创业孵化、技术交易和转移、专利代理、技术成果转化等技术服务业，为海洋生物医药产业提供技术转让、研发设计、信息咨询、人才培养等服务。

（三）加强产业融合，培育全产业链海洋生物医药产业

强化信息化与工业化的融合、新兴技术间的相互融合、海洋生物医药产业的海陆融合、海洋战略性新兴产业的相互融合四大融合衍生的新业态。以"互联网＋"和数字经济等推动产业融合，重构海洋生物医药产业价值链，推动产业创新发展，培育全产业链海洋生物医药产业。

一是加快建设"互联网＋"海洋生物医药产业创新中心，将互联网思维和技术融入海洋生物医药产业链，积极发展海洋生物医药技术系统、海洋能源互联网等"互联网＋"海洋战略性新兴产业，对海洋基础设施进行网络化、智能化升级。二是推进数字经济与海洋生物医药等产业融合发展，开展智能园区、数字化生产培育试点，建设科学技术支撑平台，推动海洋生物医药企业智慧化改造进程，促进海洋战略性新兴产业智能化基础设施与成套装备的发展。

第三节　案例分析

一、南方海洋科学与工程广东省实验室（广州）

（一）案例概况

2019 年，中国科学院与广东省政府共建的南方海洋科学与工程广东省实验室（广州）在广州揭牌，该实验室以"立足湾区、深耕南海、跨越深蓝"为使命定位，着力解决资源可持续利用、生态可持续发展等关键科技难题，按照"8 + 7 + 6 + 5"的布局，聚焦八大海洋科学前沿基础研究方向，发展七大海洋高新技术研发方向，建设六大创新支撑平台，打造五个产业孵化中心。

该实验室的选址在广州市南沙区。南沙具有优越的海洋区位优势，直面南海，是国家海洋战略的重点区域。一方面，南沙正位于粤港澳大湾区的地理几何中心，同广州中心城区、深圳、珠海距离相近，往来通达，促进了三市各方面资源的交流融合；另一方面，南沙是广州唯一的、名副其实的滨海区，此外，该地区还拥有多重国家战略叠加的政策优势、毗邻港澳的开放优势，为广深珠佛四市海洋生物医药产业的发展提供了得天独厚的外部环境优势。因此，依托地理位置的优越性、科学装置的完备性、科技创新能力的先进性和引才政策的大力实施，广州海洋实验室开展了多个专业方向交叉融合的系统性探索，极大地增强了实验室科研队伍技术改革创新能力，为建立海洋国家实验室、促进广深珠佛四市海洋生物医药产业的融合发展奠定了坚实的基础。

另外，该实验室目前已成立了深圳分部、香港分部，这对海洋经济的发展发挥了积极作用，为珠三角核心区域海洋经济的整体发展提供了强有力的支持，进而为广深珠佛四市海洋生物医药产业的融合发展提供了良好的经济基础。同时，随着海洋省实验室对海洋生物资源方面的深入研究，该实验室依托其区位优势逐渐成为促进珠三角核心区域海洋生物医药产业集聚、打破产业化核心技术困境、推动海洋生物医药产业及产业融合发展的重要动力。并且，该实验室立足于"海洋强国""粤港澳大湾区建设"等国家重大战略需求，对广东"全面建设海洋强省"的战略部署具有重大意义，对于加大我国在国际海洋生物医药领域的核心竞争力具有重要的指导意义。

今后，南沙将以海洋经济发展为重点，以广州海洋实验室为依托，不断聚集海洋科技创新资源，构建国家级海洋科学研究与关键技术研发平台，打造出世界一流的南方海洋科技创新中心，带动广深珠佛四市乃至广东省海洋新能源、海洋生物医药等海洋新兴产业发展，壮大海洋战略性新兴产业，争当南海蓝色经济圈先行者。

（二）主要结论和启示

1. 主要结论

广州海洋实验室是中国科学院南海海洋研究所和广州海洋地质调查局的核心共建单位，瞄准国际海洋生物医药研发前沿领域的核心科学问题，针对国家对创新海洋生物医药的重大需求，充分利用南海特色海洋生物资源，开展其多样性与功能物质的利用技术研究。在国家政策支持与市场需求推动下，广州海洋实验室海洋生物医药方向的研究将会迎来广阔的发展前景。在此基础上，广深珠海域辽阔、岸线漫长、滩涂广布、港湾优越、海岛众多，海洋资源十分丰富，经济发展基础良好，为海洋生物医药产业的发展提供了良好的环境。随着粤港澳大湾区建设和深圳中国特色社会主义先行示范区重大战略的深入实施以及"一核一带一区"建设的持续推进，将吸引国内国际更多的先进生产要素集聚，持续增强珠三角核心区海洋生物医药产业发展的内生动力。但是从目前来看，广深珠佛四市海洋生物医药产业在发展过程中还面临产业集聚度不够、核心技术与关键共性技术自给率低、产品开发风险高、难以实现规模化生产等难题，海洋强国建设任重道远。

2. 启示

（1）构建多层次产业集群，促进海洋生物医药产业发展。首先，建立一个由科研机构、高等院校、医药企业、生物科技企业以及相关机构组成的集中分布、相互影响、相互关联的产业集群。其次，建立产业联盟，由科研单位进行药品研发，生物高科技企业进行技术自主创新，药企进行生产销售，医院开展临床研究。最后，要注意吸引国外优秀企业进入，进一步提升产业集群发展水平，推动海洋生物医药产业的持续发展。

（2）强化团队建设，搭建资源共享平台。一是加强对海洋科技人员的培训和引进，推动海洋科技人员体制机制的创新，进一步扩大研发队伍的规模，使之成为一支有中国风格、有市场竞争力的海洋生物医药研发团队；二是注意对重大项目和产业内龙头企业的支持，同时着力扶持具有发展潜力的中小企业；三是建立产研学资源共享平台，做好研发团队的带头引领作用，完善基础研究、应用研究和产业转化的集成创新的整合，提高生物技术成果的转化率。

（3）大力发展关联产业，拓展海洋生物产品成长空间。海洋生物制品主要包括海洋生物医药材料和海洋功能食品等，把海洋功能食品的研发作为基础，海洋生物新材料作为补充，加速提升技术水平，并逐步扩大海洋功能食品生产规模；鼓励在医用材料及生物高分子材料等方面的研发，进而开拓海洋生物产业成长空间，加快海洋生物医药产业的进一步发展。

二、深圳国际生物谷海洋生物产业园

（一）案例概况

深圳国际生物谷海洋生物产业园坐落大鹏新区，是深圳市仅有的一家集多种海洋生物研究为一体的研发和生产功能园区，主要实现了在海洋生物育种、海洋生物能源开发及海洋生物资源综合开发与利用等方面的产业集聚。现阶段，园区已经有海洋生物育种、海洋生物产品深加工、海洋生物环境修复、海洋生物资源综合开发与利用等类别的入园项目。

依托深圳国际生物谷坝光核心启动区，大鹏新区自成立以来，依托国际生物谷项目，把握住生物产业和生命健康产业飞速发展的时机，着重推动"一库一院两园"项目的创建，为国际生物谷建设储备项目和提供重要的支撑平台。目前，在大鹏新区范围内，深圳国家基因库、生命科学产业园、海洋生物产业园等重大项目开始建设，生物医药、生命健康、海洋生物产业领域一百多家相关企业和机构陆续进入。作为深圳最大的一片可供开发的土地，大鹏新区将成为深圳生物医药、生命健康、海洋生物等新兴产业的重大产业集聚区。

另外，深圳国际生物谷通过构建海陆空立体交通体系，促进坝光核心启动区与东部沿海区域高效连通，加强资源整合，推进产业发展优势互补，实现以点带面、以面促点的协同联动，形成圈层拓展的总体空间格局。在核心功能圈层，聚合全球优质创新资源，着力培育引进国际一流科研团队、研发机构和创新平台，实现产业集聚发展，将坝光核心启动区打造成全球著名的生物医药产业园区。在支撑功能圈层，加强深圳国际生物谷交通基础设施建设，实现坝光核心启动区与深圳国家基因库、中国农科院深圳生物育种创新研究院、生命科学产业园、海洋生物产业园、盐田基因产业基地、坪山国家生物产业基地核心区等园区的便捷连通，形成互动共生的产业聚落。充分发挥大鹏半岛、盐田及坪山生活社区、专业服务、教育卫生、滨海休闲等综合配套功能，为深圳国际生物谷提供完善的支撑服务。在辐射功能圈层，以坝光核心启动区为核心，大鹏半岛、盐田及坪山为支撑，拓展延伸深圳国际生物谷的辐射带动功能，形成与南山区、光明区、国际低碳城等其他生物医药产业集聚区相辅相成的联动效应，带动深圳东部沿海乃至全市全省的生物医药产业协同发展。

截至 2024 年 2 月，深圳国际生物谷已实现入园项目 50 个，引进院士团队 4 个、国家级领军人才 1 人，成立院士工作站 3 个、省级以上生物工程技术研发中心 5 个，各级各类研究所、重点实验室、产学研示范基地共十余个，获得知识产权项目数超过 200 余个（项），产业集聚效应已初步显现，为深圳乃至全省建设全球海洋中心城市、发展海洋生物医药产业提供坚实的产业基础和科技支撑。

（二）主要结论和启示

1. 主要结论

依托深圳国际生物谷坝光核心启动区，大鹏新区海洋生物产业园集中力量布局深圳市乃至广东省的海洋生物医药产业链强链、补链、延链项目，构建起海洋生物医药研发、中试、产业化的全产业发展链条，引导产业链上下游产学研医等创新资源协同对接，形成了互为支撑、互为保障的全产业链条，同时也优化了广深珠佛四市的优势产业、外部环境，推动了各市产业的自主创新能力，提升了生物安全处理水平，提高了产业集聚程度，初步形成了以广深珠佛等地为重点的产业集群、沿海城市全覆盖的产业布局，对广东省海洋生物医药产业资源的融合发展起到了积极作用。随着深圳国际生物谷海洋生物产业园在海洋生物医药领域研究的不断深入，该产业园主要从加强相关产业领域合作、加快园区合作平台的建设、推动创新技术产品之间的融合、深化产学研医共同发展、重视科研平台的搭建等方面，多方位促进广深珠佛四市海洋生物医药产业的协同创新发展。

未来，大鹏新区将以深圳海洋大学、国家深海科考中心、深圳海洋博物馆项目为依托，集中布局国家、省市海洋创新科技基础设施与研发平台，以科技成果转化带动海洋生物医药产业的发展。广东省将以广州、深圳国家生物产业基地为核心，以广州南沙国家科技兴海示范基地、深圳国际生物谷海洋生物产业园、坪山生物医药科技产业城、珠海国际健康港、佛山南海生物医药产业基地等重点园区为载体，推动粤东、粤西地区海洋生物产业集聚发展。《广东省海洋经济发展"十四五"规划》提出，要发展具有自主知识产权的海洋生物技术，重点搭建海洋生物医药产业中试服务平台，推动海洋生物医药成果加快落地，鼓励开展海洋生物医药生产工艺技术研究，打造创业创新基地示范中心。

2. 启示

积极支持深圳成为国际海洋中心城市，广州成为国际海洋创新和发展的中心城市，珠海和佛山成为现代化的海洋城市。统筹规划打造海洋经济高质量发展示范基地，以粤港澳大湾区为示范基地，引领海洋科技创新，促进海洋经济合作，打造海洋生态文明。

（1）完善产业发展的外部环境。深圳已经具备发展海洋生物医药产业的政策、规划、先期基础等有利条件，相对广东省其他地区有了先发优势。建议确立深圳为广东省海洋生物医药研究与开发的中心城市，完善产业发展宏观环境。支持深圳做好相关规划，把海洋生物医药产业的发展作为未来经济的重要增长点。支持深圳善用经济特区立法权，制定符合海洋生物医药产业特点的地方性法规和配套的各项规章制度。营造良好政策法律环境，规范产业技术发展。

（2）谋划海洋生物医药产业集聚区。持续推动包括海洋生物医药产业在内的生物医药与健康产业集群建设，继续支持海洋省实验室、广东省有关科研机构等具备基础和优势的国家和省实验室，开展相关基础研究、应用研究、核心技术攻关，推动海洋生物医药等交叉学科、行业领域的科技创新。在珠三角核心区域建立海洋生物医药研究中心，力争创建一批国家级重点实验室和省级重点实验室，着力培育具有地方特色、优势明显的海洋生物医药研发机构，打破海洋生物医药研发过程中的核心技术的困境，提升海洋生物医药发展水平。支持广深两地建立"蓝色生物制药工业园"，给予企业和研究机构一定的税收优惠，并引导有关的企业和科研院所在此落户。构建功能完善的研发平台和覆盖全面的技术服务平台，增强产学研之间的紧密联系，促进海洋生物医药成果的转化。

（3）加强海洋科技自主创新能力。海洋科技自主创新基础在于人才队伍建设，要加强涉海高校和中职学校建设，高起点创建深圳海洋大学、广州交通大学，加大经费投入支持力度，强化涉海重点学科专业建设和人才培养，推进相关高校开展海洋科技创新。创新博士、博士后人才培养、引进、激励机制，搭建更多更优更广的博士后创新创业平台，加快培育一批适应广东海洋生物医药产业体系发展要求的优秀青年人才，大力推进人力资源服务业高质量发展，吸引海洋生物医药人才在内的高层次人才融入广东经济社会发展，打造产业发展智库。政府应建立和完善高端人才引进政策，对人才进行合理利用，尤其是在核心技术有重大突破、从事重大工程的独立研究和在高新技术成果的应用转化方面有突出贡献的高水平人才，鼓励建立大团队、大成果的产业科技攻关高效运行模式。

第四节　对策建议

一、拓宽生物研究领域，加大海洋药物研发力度

海洋的天然生物中蕴含着巨大的成药潜力，对其进行发掘与优化是海洋生物医药研发方面最具原创性的工作，也是实现新时期海洋生物药物及其产业可持续发展的现实需要和必由之路。所以，广深珠佛四市应紧跟国际生命科学发展的潮流，对药物研发和核心技术存在的困境进行深入研究，加强技术研发能力，实现重大成果的转化，使其成为海洋医药产业的技术和产品来源。除此之外，还应该珍爱近海生物资源，在开发利用海洋资源时给予其适当的保护，以防止海洋生物多样性被破坏，从而实现海洋生物医药研究的可持续发展。深海勘察是我国实现建设海洋强国的战略目标的必然需求，广深珠佛四市在深海生物资源方面已初步获得一些成果，应进一步开发深海生物资源的综合利用价值，提高国内外多方面、宽领域合作水平，与世界一流团队共同合作以达到双赢的目的。广深珠佛四市在海洋生物医药产业的融合发展将有利于海洋生物医药产业拓展成长空间和高效实现资源的可持续利用。在此基础上，重视涉海高层次人才的引入和培养工作，持续增加对科研技术人才的激励措施，打造出具有广深珠佛四市蓝色经济鲜明特色的人才引进活动品牌，实现海洋技术人才体制机制的创新，为海洋生物医药的研

发打下坚实的人才基础。

二、推进供给侧改革，实现产业集聚发展

在新常态下，要实现广深珠佛四市在海洋生物医药产业融合发展上稳中求胜，必须清楚现阶段该产业的发展特征，促进该产业的供给侧改革，突破受供给限制的消费增长乏力困境，实现区域的产业结构改革和要素的流动，进而促进海洋经济效率的提高。现阶段，广深珠佛四市已初步建设了一批具有竞争力的海洋生物医药企业，还需依托其区位优势，让消费牵引供给侧改革，加快供给侧创新，在保证产品质量的基础上增加产品的种类，保证新环境下海洋生物医药产业的可持续发展。与此同时，对海洋生物医药产业用地进行科学合理的规划，推进产业园区及配套设施的建设工作，促进海洋生物医药产业的集聚发展，进而实现产业链条的完善以及产业规模的扩展。坚持以具备发展前景的海洋生物医药企业为主体，为医药产业的发展打造良好的外部环境，在企业发展上给予其政策和资金上的支持，使得各地的医药企业齐聚，实现该产业的规模化发展。

三、完善成果转化服务体系，促进产业创新升级

根据海洋生物医药产业在研究开发方面的优势，着力推进广深珠佛优势企业集聚区建设，持续完善海洋科技服务工作，增强自主创新能力和科研成果转化能力，构建出一套完善的海洋成果转化服务体系。以"一带一路"倡议的提出为新机遇，通过强化陆海对外的联动合作，构建东西双向互济的开放模式，充分发挥国内国际两个区域、两种资源的优势，实现技术、资源和成果的共享。同时，对国外先进经验进行批判性吸取，进而提高海洋生物医药产业融合发展过程中的科研成果转化率。此外，基于美国医药创新政策环境的历史经验，广深珠佛四市可尝试搭建医药创新生态系统从而提升海洋生物医药产业融合发展的创新活力，进一步带动海洋生物医药产业融合发展的创新升级。

四、实现协同创新合作平台的搭建，构建现代产业体系

紧跟国家产业集聚的倡议，加速搭建海洋产业科技合作平台。依托广深两市

的地理优势，以"互联网＋"创新发展模式为依托，充分发挥各个城市在资源、资金、技术和经验等方面的优势，基于互惠互利的出发点，完善海洋生物医药产业链。在国家日益注重海洋经济发展的背景下，快速推进相关城市群之间的协同发展，通过开展海洋制药产业的全面合作，以研发链、产业链为重点，探索海洋制药产业的交叉合作新路径。

对广深珠佛四市海洋生物医药的市场环境进行优化，尽可能实现海洋生物医药产业链全方位发展，注重海洋医药研发技术链条的完善工作。加快完成广深珠佛四市海洋生物医药产业增长动力的转换机制，推进生物医药产业链全链条实现供给侧改革，加大产业链向纵横及垂直方向的发展水平，进而使得我国海洋生物医药产业结构与发展层次不断得到优化。

五、完善产业融合发展机制，推动产业可持续健康发展

优化海洋生物医药产业融合发展体系，建立健全产业融合发展的评价机制，为广深珠佛四市海洋生物医药产业可持续融合发展提供良好的制度环境。通过对海洋生物资源环境治理体系进行完善，严格规范海洋药物专利申请的相关制度，持续加大产业发展的市场监督力度，促进海洋生物医药产业的融合发展。在此基础上，要以产业技术创新激励机制为基础，以产品的改革创新为核心，大力推动海洋生物医药产业的可持续融合发展。

参 考 文 献

［1］广东省人民政府办公厅. 广东省海洋经济发展"十四五"规划［EB/OL］. https://www.gd.gov.cn/attachment/0/476/476500/3718595.pdf.

［2］广东省自然资源厅，广东省发展和改革委员会. 广东海洋经济发展报告（2023）［EB/OL］. https://nr.gd.gov.cn/attachment/0/527/527162/4225188.pdf.

［3］广东省人民政府办公厅. 广东省港口布局规划（2021—2035年）［EB/OL］. https://www.gd.gov.cn/attachment/0/492/492073/3955811.pdf.

［4］殷克东，李雪梅，关洪军，等. 中国海洋经济发展报告（2019—2020）［M］. 北京：社会科学文献出版社，2020.

［5］杨海深. 粤港澳大湾区国际性综合交通枢纽集群建设报告［R］//郭跃文，王廷惠. 粤港澳大湾区建设报告（2022）. 北京：社会科学文献出版社，2023.

［6］万俊斌. 世界海运业发展趋势分析及我国海运业发展建议［J］. 水运管理，2020，42（4）.

［7］蒋元涛. 我国海运业在重点领域实施创新突破的问题和对策［J］. 中国海事，2021（1）.

［8］林治顺. 粤港澳大湾区建设背景下广州推进港口资源整合的思路研究［R］//张跃国. 广州经济发展报告（2019）. 北京：社会科学文献出版社，2019.

［9］朱坚真，姚微. 粤港澳大湾区现代海洋服务业结构优化研究［J］. 广东经济，2023（6）.

［10］孙久文，高宇杰. 中国海洋经济发展研究［J］. 区域经济评论，2021（1）.

［11］王琪，陈炜，韦春竹. 粤港澳大湾区港口群参与全球航运网络特征［J］. 热带地理，2022，42（2）.

［12］王列辉，张楠翌，朱艳.“21世纪海上丝绸之路”航运服务业网络格局研究［J］. 地理科学，2020，40（10）.

［13］吕龙德. 在变通中实现新发展：记广东粤新海洋工程装备股份有限公司［J］. 广东造船，2022，41（6）.

［14］陈敏翼，拓晓瑞. 大力发展海洋工程装备　全面推进广东海洋强省建设［J］. 广东科技，2021，30（2）.

［15］江门市人民政府办公室. 江门市先进制造业发展“十四五”规划［EB/OL］. https：//www. jiangmen. gov. cn/attachment/0/242/242837/2566948. pdf.

［16］深圳市规划和自然资源局. 深圳市海洋发展规划（2023—2035年）［EB/OL］. https：//www. sz. gov. cn/attachment/1/1298/1298485/10597047. pdf.

［17］邓秋凤，盘颖. 广州市船舶与海工装备产业链发展现状与对策［J］. 广东科技，2023，32（3）.

［18］广东省人民政府办公厅. 广东省培育高端装备制造战略性新兴产业集群行动计划（2021—2025年）［EB/OL］. https：//www. gd. gov. cn/zwgk/jhgh/content/post_3097933. html.

［19］海洋石油工程（珠海）有限公司. 海油工程珠海深水海洋工程装备制造基地项目环境影响报告书［R］. 广州：环境保护部华南环境科学研究所，2012.

［20］中山市人民政府办公室. 中山市高端装备制造产业发展行动计划（2018—2022年）［EB/OL］. https：//www. zs. gov. cn/gkmlpt/content/0/957/post_957702. html#646.

［21］黄霞. 体旅融合视阈下海洋民俗体育旅游业发展路径研究［J］. 文体用品与科技，2024（5）.

［22］刘璐璐. 国内外海洋文化与旅游经济融合发展研究综述［J］. 度假旅游，2018（9）.

［23］贾苗苗. 国内外海洋文化与旅游经济融合发展策略分析［J］. 国际公关，2019（9）.

［24］杨宏云. 论海洋文化资源与福建旅游：基于SWOT的分析［J］. 福州大学学报（哲学社会科学版），2013（4）.

［25］丘萍，张鹏，雅茹塔娜，等. 海洋文化产业与旅游产业融合探析［J］.

海洋开发与管理，2018，35（4）.

［26］陈浩天. 海洋文化遗产与旅游深度融合发展路径研究：以阳江市为例
［J］. 客家文博，2023（4）.

［27］陈琳琳. 修斌主编：《中国海洋文化发展报告（2016—2020）》［J］. 海
交史研究，2023（3）.

［28］殷果. 海洋旅游业的发展和未来：海洋旅游业中的多产业融合发展
［J］. 旅游纵览（下半月），2017（24）.

［29］郑玉香，朱悦. 新基建视角下上海海洋旅游业智慧型创新策略研究
［J］. 江苏商论，2021（4）.

［30］李小苗. 海南海洋旅游服务管理存在的问题与对策研究［J］. 质量与市
场，2024（6）.

［31］李奇泳. 中国海洋油气产业演化机制研究［D］. 青岛：中国海洋大
学，2011.

［32］海洋石油工业研究报告［J］. 经济研究参考，1993（Z4）.

［33］程兵，付强，李清平，等. 我国海洋油气装备发展战略研究［J］. 中国
工程科学，2023，25（3）.

［34］费华伟，王婧，高振宇. 2021 年中国炼油工业发展状况与近期展望
［J］. 国际石油经济，2022，30（4）.

［35］王琳，张灿影，於维樱. 东盟各国的海洋油气开发与利用态势分析
［J］. 世界科技研究与发展，2021，43（6）.

［36］刘初春，杨维军，孙琦. 中国炼油行业碳减排路径思考［J］. 国际石油
经济，2021，29（8）.

［37］刘初春. 中国炼油行业高质量发展的问题与思考［J］. 国际石油经济，
2020，28（5）.

［38］徐东，崔宝琛，唐建军. 国内油气资源对外合作面临的新变化及对策建
议［J］. 国际石油经济，2019，27（10）.

［39］刘磊磊. 化工油气储运技术及其创新研究［J］. 化工管理，2018（11）.

［40］王晨. 海洋油气开发工程环境影响评价特点浅析［J］. 海洋开发与管
理，2017，34（9）.

［41］张蕾，贾宁. 海洋油气资源的勘探与开发［J］. 石化技术，2017，24（3）.

[42] 陈勇刚，蒋洪. 海洋油气储运回顾与展望 [J]. 化工管理，2016 (33).

[43] 马昌峰，王宝毅，张光华. 中国石油海洋油气业务发展的机遇与挑战 [J]. 国际石油经济，2016，24 (3).

[44] 闫伟. 我国海洋油气企业的国际竞争优势及合作模式选择研究 [D]. 青岛中国海洋大学，2014.

[45] 孔令英. 国际海洋油气资源合作开发模式及风险因素分析 [D]. 青岛：中国海洋大学，2013.

[46] 程兆麟，曾孟佳，潘锦璇. 广东省近海油气资源开发利用现状与对策研究 [J]. 中国渔业经济，2012，30 (2).

[47] 李奇泳. 中国海洋油气产业演化机制研究 [D]. 青岛：中国海洋大学，2011.

[48] 朱坚真，姚微. 粤港澳大湾区现代海洋服务业结构优化研究 [J]. 广东经济，2023 (6).

[49] 殷克东，李雪梅，关洪军. 中国海洋经济发展报告（2021—2022）[M]. 北京：社会科学文献出版社，2022.

[50] 陈江. 深圳前海大铲湾片区海洋产业发展策略研究 [J]. 环渤海经济瞭望，2023 (8).

[51] 杨黎静，谢健. 面向海洋强国建设的粤港澳大湾区海洋合作：演进与创新 [J]. 经济纵横，2023 (5).

[52] 唐仁敏. 通过首创性改革举措为南沙高质量发展注入新动能 [J]. 中国经贸导刊，2024 (4).

[53] 朱寿佳，代欣召. 建设海洋经济高质量发展示范区问题及路径：以广州市南沙区为例 [J]. 中国国土资源经济，2022，35 (6).

[54] 李佛尘，欧庆奎. 船舶与海工装备智能制造发展路径研究 [J]. 江苏船舶，2023，40 (1).

[55] 李天娇，赫连志巍，赵桐. 产业融合提升装备制造业竞争力研究：基于装备制造业与电子信息产业融合 [J]. 数学的实践与认识，2022，52 (12).

[56] 杨阳. "十四五"时期广东培育海洋创新型产业集群路径初探：基于欧洲经验启示 [J]. 海洋开发与管理，2022，39 (9).

[57] 邱勋明. 高质量发展背景下广东涉海上市公司经营效率研究 [D]. 广州：广东财经大学，2022.

［58］李应晓，张晶，张高尉，等. 海工装备制造企业数字化转型探究［J］. 船舶物资与市场，2022，30（1）.

［59］阳媛，姚琴，宋丹凤. 广东省海洋电子信息产业发展路径研究［J］. 产业创新研究，2021（20）.

［60］郑有为，赵雪娜，杨林美. 广东省海洋电子信息产业创新现状研究［J］. 广东经济，2020（8）.

［61］杜利楠，栾维新，片峰. 沿海省区发展海工装备制造业的潜力评价研究［J］. 科技管理研究，2015，35（9）.

［62］孙元芹，李晓，王颖，等. 我国海洋生物医药产业发展分析［J］. 渔业信息与战略，2021，36（1）.

［63］李晓，王颖，李红艳，等. 我国海洋生物医药产业发展现状与对策分析［J］. 渔业研究，2020，42（6）.

［64］周墨，白福臣，冯海霞. 基于区位商方法的广东省海洋生物医药产业集群发展分析［J］. 江苏商论，2018（11）.

［65］肖明智. 广东省海洋生物医药产业发展现状及产业集聚研究［J］. 产业创新研究，2024（2）.

［66］秦绮蔚. 深圳推重磅举措坚实支撑蓝色经济高质量发展：打造产业集群经略海洋未来［N］. 深圳特区报，2022－09－15（A05）.

［67］李鹏程，陈思勤. 打造科创引擎　释放"湾"有引力［N］. 南方日报，2023－06－02（AA1）.

［68］梁云，岳霄霄，邵蓉. 粤港澳大湾区生物医药产业发展分析及建议［J］. 中国药房，2021，32（21）.

［69］大鹏新区：国际生物谷——国际生物科技创新中心、生物产业集聚基地［J］. 新经济，2014（31）.

［70］深圳市人民政府. 深圳市人民政府关于印发大鹏新区国民经济和社会发展第十四个五年规划和二〇三五年远景目标纲要的通知［J］. 深圳市人民政府公报，2022（9）.

［71］广州市人民政府办公厅. 广州市人民政府办公厅关于印发广州市海洋经济发展"十四五"规划的通知［J］. 广州市人民政府公报，2022（28）.

［72］白福臣，刘辉军，张苇锟. 海洋生物医药产业集聚"新"模式：一个理论模型及应用［J］. 海洋开发与管理，2021，38（3）.

后　记

　　粤港澳大湾区现代海洋产业融合发展是新发展格局背景下，顺应粤港澳大湾区建设、促进海洋经济发展、推进区域协调发展和构建全国统一大市场的重要环节，具有经济、社会、文化和环境等方面的价值。《区域间海洋产业融合发展案例研究》一书主要以案例集的形式，聚焦海洋交通运输业、海洋工程装备制造业、海洋旅游业、海洋油气化工产业、海洋专业服务业、现代海洋电子信息业与工程装备制造业、海洋生物医药产业七大领域，对粤港澳大湾区现代海洋产业体系融合发展进行研究，梳理城市之间海洋产业体系融合存在的瓶颈与障碍，在产业共生理论、产业演化理论、产业生态圈视角下，探讨粤港澳大湾区现代海洋产业体系融合发展的机制与路径，为粤港澳大湾区构建现代海洋产业体系和具有全球竞争力的海洋经济发展高地，提供实践经验的参考。

　　之所以命名为"区域间海洋产业融合发展案例研究"，是出于两个方面的考虑：一方面是突出产业融合发展。在新发展格局和粤港澳大湾区的双重视角之下，推动城市群内部产业融合和加快实现区域协调发展已成为未来一段时间的趋势。另一方面则是突出案例研究。在全党大兴调查研究之风的背景下，案例研究可以使单个产业案例在微观层面得到深入考察，更加充分揭示"产业融合"现象发生的内在机理，贴近政府、企业和学者等读者群体。

　　本书是在广东省自然资源厅的指导下，由暨南大学牵头，广州市城市规划勘测设计研究院、广东海洋协会参与，在各市相关部门、科研院校和重点企业积极参与和支持下，于2022年10月启动编撰工作，历时一年多完成的。本书力求通过翔实的数据、深入的调研和严谨的分析，全面梳理粤港澳大湾区重点城市和核心海洋产业的发展状况，但受限于粤港澳大湾区各城市的海洋经济产值数据、产业结构数据、现代海洋产业的相关运行数据并未完全公开等因素，研究成果也未臻完美，以期在后续能够持续完善。

本书的撰写离不开每一位团队成员的辛勤付出，值此付梓之际，谨向参与本书编写的研究团队成员表示衷心的感谢。本书的具体分工如下：第一章由廖颖负责，第二章由白俊阳负责，第三章由范丹敏负责，第四章由苏金秋负责，第五章由徐佳琦负责，第六章由刘佩瑶负责，第七章由薛璐璐负责，全书由胡军教授和顾乃华教授统稿定稿。希望本书能够起到抛砖引玉的作用，吸引更多专家学者对现代海洋产业融合发展展开跨学科、跨领域研究，也希望相关专家学者及各界人士给予批评指正！

编　者
2024 年 4 月